JN086819

世界一やさしい Webライティングの教科書1年生

株式会社グリーゼ
（福田多美子・坂田美知子・加藤由起子）

ソーテック社

はじめに

たくさんの書籍の中から、この本を手に取っていただき、ありがとうございます。あなたが、Webライターとして活躍できることを祈って、この本をお届けします。

■Webライター1年生のみなさんへ

こんなふうに思っていませんか？

「そうそう」と思った方は、この本を読んでください。きっとヒントが見つかります。

■この本の内容

この本は、「Webライターとして稼げるようになりたい」「もっと仕事を増やしたい」と思っているWebライター1年生のための入門書です。

正しく、わかりやすい文章を書くためのライティングテクニックはもちろん、構成やキャッチコピーについても触れています。

「書き方を知る」だけではなく、身につけられるように例文、練習問題も盛り込んでいます。ぜひ、チャレンジしてみてください。

この本を読み終わった後に「Webライターとしてワンランクアップできた」と思っていただければ嬉しいです。

なお、SEOに強い書き方については、こちらを参考にしてください。

『いちばんやさしいSEO入門教室』

■他のWebライティング本との違いは？

Webライティングに関する書籍はたくさんありますが、Webライターとして活躍する9名の「先輩ライターインタビュー」を掲載しているのは、この本だけではないでしょうか。

どんなに素晴らしいライターでも、最初はみんな1年生でした。特別授業「先輩ライターに聞く、稼げるライターになるための秘訣とは？」では、以下の項目などについて現役ライター9名に語ってもらいました。

- **なぜWebライターを目指したのか？**
- **稼げるようになるために、どんな取り組みを行ったのか？**
- **成功体験、失敗談は？**
- **Webライター1年生への応援メッセージ**

9名それぞれに特徴があり、稼げるライターになるための苦労話なども盛り込まれています。

「このライターさんのようになりたい」「このやり方を参考にしよう」「これ、さっそくチャレンジしてみたい」ということを見つけて、一歩踏み出すきっかけにしていただけたら幸いです。

Webライターとして活躍されることを、応援しています。

株式会社グリーゼ　代表取締役社長
福田 多美子

目次

1時限目 ライティング前の7つのチェックポイント

2時限目 ライティングのテクニック（基礎編）～わかりやすく書く～

3時限目 ライティングのテクニック（実践編）～伝わりやすく書く～

4時限目 Webライティングの構成と見出し

5時限目 キャッチコピーを極める

6時限目 仕事をスムーズに進めるためのメール活用術

特別授業 先輩ライターに聞く、稼げるライターになるための秘訣とは？

1時限目 ライティング前の7つのチェックポイント

1時限目は、Webライティングの基本について説明します。ライティングの前に、ライターとしてどんな準備をすればよいのでしょうか？
Webライターの心構えを学びましょう。

01 ターゲットを明確にする

Webライティングでは、文章を書き始める前の準備が重要です。「準備8割」という言葉があるように、準備をしっかりと行うことによって、ライティングの品質、スピードを上げることができます。

1　なぜ、ターゲットを明確にするのか？

Q：問題です。

クライアントから「ヘッドセットの商品ページの原稿を書いてほしい」と依頼があり、商品についての詳しい説明を受けました。ライターとして確認することとして、どちらが重要でしょう？

Ⓐ ターゲットを明確にする
Ⓑ 商品ページのデザインを確認する

どちらも大切ですが、この時点で重要なのは「ターゲットを明確にすること」です。**ターゲット**とは、標的、対象、相手のことです。

これから書く商品説明文を、どんな人に読んでもらうのか？

ターゲットを明確にすることによって、どんな商品説明文を書けばよいのかが浮き彫りになってきます。

● ヘッドセットのターゲットは？

ヘッドセットの特徴、機能など、たくさんの情報を入手したとしても、すべての情報を書けばよいというものではありません。多くの情報を書き過ぎると、商品の一番の特徴、強みがぼやけてしまい、結局「**誰の心にも響かない文章**」になってしまいます。

情報があふれる現代では、読者はたくさんの情報の中から「**自分に関係ある情報だけを受け取りたい**」と考えています。ターゲットに応じて、必要な情報だけを届けるために、ターゲットを決めることが重要なのです。

2　ターゲットを明確にしないと…

ターゲットを絞らずできるだけ多くの人に伝えようと考えると、一般的な説明文だけが並んでしまいがちです。万人受けを狙った文章は、読んだ人が「自分ごと」として受け取りにくいため、結局「誰にも興味をもってもらえない文章」になってしまうのです。

● ターゲットを決めないと…

ターゲットは
?

- 音の品質にこだわったヘッドセット
- 音漏れしないことが特徴
- マイクも付いているので、双方向の会話にも向いている

結局、誰にも興味をもってもらえなくなってしまう

3 ターゲットを明確にすると…

ターゲットを明確にすると、**ターゲットにとって必要な情報と不要な情報が分類しやすくなります**。どの特徴を伝えるかを決めて、ターゲットに向けた文章を書けばよいのです。

● ターゲットを明確にすると、伝えるべき情報も明確になる

ターゲット	ターゲットの気持ちを想像すると？	ターゲットに伝えるべきことは？
オンラインゲームが好きな10～20代男性 	• ゲームの世界に入り込めるような臨場感のある音がほしい • ゲームにのめり込んで音漏れしてしまうのが心配 • ゲームに集中したい	• 3Dのゲームに対応する、臨場感のある立体的な音が特徴 • 音漏れしないので、深夜までゲームをしていても家族や近隣に迷惑をかけない • マイクのオン／オフの切り替えが簡単なので、ゲームの進行を妨げない

ターゲット	ターゲットの気持ちを想像すると？	ターゲットに伝えるべきことは？
仕事で長時間、ヘッドホンを装着するユーザーの場合 	• 長時間のデスクワークで、耳が圧迫されて痛い • オンライン会議で使うので、聞き取りやすさが重要 • あまりお金をかけたくない	• 長時間つけていても、耳が痛くならないような素材を使っている • オンライン会議で会話することを目的に作られているので、話すこと、聞くことを重視して設計されている • 価格がリーズナブル

読んだ人が「自分ごと」としてとらえ、商品に興味をもってくれる

ターゲットを明確にして、ターゲットがどんなことで困っているか、どんなことを望んでいるかを具体的に想像してみましょう。

例えば、ターゲットを「オンラインゲームが好きな10 ～ 20代男性」として、ターゲットの気持ちを想像してみてください。

- **ゲームの世界に入り込めるような臨場感のある音がほしい**
- **ゲームにのめり込んで音漏れしてしまうのが心配**
- **ゲームに集中したい**

こんなことを思っているのではないでしょうか？

ターゲットの要望に応えられる機能をピックアップして、文章として届けると、以下のようになります。

- **3Dのゲームに対応する、臨場感のある立体的な音が特徴**
- **音漏れしないので、深夜までゲームをしていても家族や近隣に迷惑をかけない**
- **マイクのオン／オフの切り替えが簡単なので、ゲームの進行を妨げない**

このように、ターゲットにとって、どの機能が最も必要なのかを考えてみましょう。どの特徴を伝えるとターゲットにとって役立つのかを検討してください。伝えるべき情報に、優先順位を付けることが重要です。**ターゲットにとってメリットになる情報だけに絞って文章を書くことが、ライターの役目です。**

ここがポイント

- 書き始める前の準備が重要（準備が8割！）
- ターゲットを明確にして、ターゲットの気持ちを想像してみよう
- ターゲットが必要な情報だけに絞り込んで、文章化しよう
- 多くの情報を届けることは、ときに読者にとって迷惑になる場合もある

02 目的／ゴールを決める

ターゲットを明確にしたら、次は、目的／ゴールを決めましょう。文章を読み終えた読者に、どんな気持ちになってほしいか、どんな行動をしてほしいかを考えるのです。

1 目的／ゴールってなに？

Webページでは、読者は上から下へスクロールしながら文章を読んでいきます。読者は、読む前の状態（before）から、読んだ後の状態（after）へと心が変化します。**どのように心を変化させたいか、または読んだ後にどんな行動をとってほしいか**を考えましょう。

● 目的／ゴールを決める

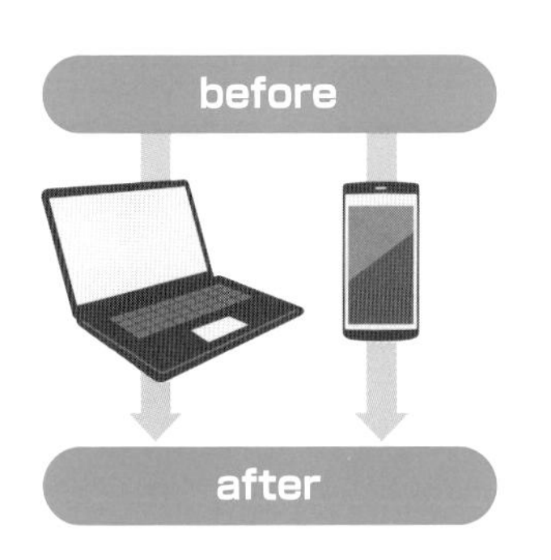

読む前はどんな気持ち？
何を知りたいと思っている？

読んだ後にどんな気持ちになってほしいか？
どんな行動を起こしてほしいか？

2 目的／ゴールに合わせたライティング

目的／ゴールを明確にすることによって、どんな情報を書けばよいか、またどんな順番で書けばよいかが決まります。

ヘッドセットの商品説明を書く場合でも、さまざまな目的／ゴールが想定されます。

例えば、新商品としてリリースする場合、多くの人に認知してもらうことを目的としてカタログのようなページを作るケースがあります。その場合は、すべての機能をもれなく説明する必要があり、網羅性が重要になります。**「10の機能を備えた最新ヘッドセット新発売。全機能を一挙公開**」などのタイトルで、ヘッドセットの説明をするのもよいでしょう。

一方、ヘッドセットに興味をもってほしい、売りたいという目的も考えられます。売りたい場合は、ターゲットにとって最も響く機能や特徴に絞って、説明したほうがよい場合もあります。

「モンスターの足音が近づいてくる臨場感！　ゲーム専用ヘッドセット、選ばれる理由とは？」などの書き出しで、ゲームファンの心をつかまえるような書き方が考えられます。

● ヘッドセットを紹介したいとき

目的／ゴールに合わせたライティング

例）ヘッドセットの場合

目的は？	新商品なので、商品のすべての機能を知ってもらうことが目的	商品に興味をもってもらい、買ってもらうことが目的
どんな説明が必要？	新商品のすべての機能をまんべんなく説明することが必要	ターゲットに合わせて、メインの機能だけを紹介。利用イメージを伝えるなど工夫が必要
書き方の例	10の機能を備えた最新ヘッドセット新発売 全機能を一挙公開	モンスターの足音が近づいてくる臨場感！ ゲーム専用ヘッドセット選ばれる理由とは？

ここがポイント

- 書き始める前に、目的／ゴールを決めよう
- 目的を決めると、目的に向かって書くべきことが 明確になる
- 目的を決めると、書かなくてよいことも明確になる

CTA(Call to Action)という言葉を覚えておきましょう。
CTAとは、行動喚起という意味です。Webサイトに訪問した人に「どんな行動をとってもらいたいか」を考えることが大事です。

03 表記ルールを確認する

ライティングを始める前に、表記ルールを確認しましょう。自分のWebサイトであれば、自己流のルールで書いても問題ありませんが、企業からの依頼で原稿を書く場合などは、企業のルールに合わせる必要があります。

1 なぜ表記ルールが必要なの？

表記ルールとは、ライティングを行う際に、**文体、記号、数値などをどのように表記するかを定めたもの**です。Webサイトで、せっかく統一感のあるデザインを作っていても、文章の書き方、表記がバラバラになってしまっては、台なしです。表記ルールを守ってライティングしましょう。

特に**ページ数が多い場合、またはライターが複数の場合**などは、表記が不統一になりがちです。原稿が仕上がってから修正するのは効率が悪いので、必ず事前に表記ルールを確認し、ルールに従って書き進めるようにしましょう。

2 表記ルールの例

ライティングするものによって、ルール決めが必要な項目は異なりますが、代表的なルールとして次ページの表のようなものがあります。

表記ルールがあると、原稿をチェックする際にも便利です。

● 代表的な表記ルール

項目	説明	例	備考
文体	文章全体を「ですます調」で書くか「である調」で書くか	**【ですます調】** 操作します、可能です **【である調】** 操作する、可能である	「ですます調」はていねいな印象 「である調」は断定的で厳格な印象
数字	半角文字か 全角文字か	50,000個 ５０，０００個	１桁の場合は全角で表記して、２桁以上の場合は半角で表記するというルールもある
アルファベット	半角か全角か、 大文字か小文字か	writing、ｗｒｉｔｉｎｇ WRITING、Writing	最初の1文字だけ大文字にするというルールもある
カギかっこ	利用可能なカギかっこを決める	「」()のみ利用可能 書籍は『』	強調させたいときに 「」を使う場合もある
外来語(カタカナ)の長音記号	外来語(カタカナ)の長音記号を付けるか付けないか	プリンター、プリンタ モニター、モニタ ユーザー、ユーザ	
箇条書きの記号	箇条書きの先頭の記号として、どの記号を使うか	基本的には「・」、 または半カッコの数字を使う １)	
略語	略語の表記方法を決める	SNS Social Networking Service ソーシャル・ネットワーキング・サービス	1回目に記述するときに、略語(正式名称)と表記するというルールもある SNS(Social Networking Service)
漢字を開くか閉じるか	よく使う言葉の表記方法を決めておく 特に漢字で書くか、ひらがなで書くか迷う言葉をピックアップしてルール化する	**【閉じた表現】⇄【開いた表現】** 予め⇄あらかじめ 全て⇄すべて 是非⇄ぜひ	漢字で表記することを「閉じる」、ひらがなに変えることを「開く」という 漢字が多いと読みにくく、難解な印象を与える
!(感嘆符) ?(疑問符)	!や?の使用可否、使うときの注意点を決める	そうしましょう! そうしましょう!!!	ビジネス系のライティングでは感嘆符、疑問符を入れないというルールもある

ここがポイント

- 書き始める前に、表記ルールを確認しよう
- 複数のライターが関わる場合は、特に表記ルールを重要視しよう
- 原稿チェックの際は、表記ルールと照らし合わせよう

表記ルールは、対象読者、目的、メディアなどによって変わります。
例えば、SNSなどでは、あえてカジュアルな表現を使う場合もあります。「〜ですよね」などと語りかけるような書き方をしたほうが、読者との距離を縮められるからです。
ケースバイケースですので、前もって確認しましょう。

04 正しい情報を集める

ライティングを行う際は、元ネタとなる情報が必要です。原稿を書くためには、正しい情報、信頼できるデータを集めることが必要です。

1 インターネット上でリサーチすることの危険性

ライティングを行う際に、インターネットで調べた情報をもとにして原稿を書くことは危険です。なぜ危険かというと、次のようなことが考えられるからです。

誰が書いたものかわからない

誰もがインターネットを使って情報発信できる時代です。インターネットには、誰が書いたものかわからない情報も流れています。執筆者の顔や名前を出している記事も多くなってきた一方で、**インターネット上の情報には、無記名で無責任な情報が混ざっている**ことも事実です。

何をベースに書いたものかわからない

「検索をして、同じような情報ばかり出てくる」といった経験はありませんか？　もしかしたら、インターネットの情報をベースに書かれた記事が、複数存在する可能性もあります。誰かが、別の誰かの記事を読んで再編集して掲載しているケースもあるのです。つまり、最初に発信された情報とは変わってしまっている可能性があるということです。

更新時期がわからない

インターネットの情報は、いつ更新された情報なのかわかりにくい場合があります。古くなっている可能性もあるという意味です。最新情報を発信したいときに古い情報を元ネタにしてしまったら致命的です。

2 正しい情報の集め方

正しい情報を集めるには、以下のような方法があります。

取材やインタビューを行う

有識者や専門家に取材して、取材した内容から原稿を作る方法があります。例えば、料理や栄養に関するコラムを書く際に、料理研究家、レストランのシェフなどに実際に話を聞いて原稿化したらどうでしょう。他にはない、オリジナルなコラムができあがります。企業の担当者などにインタビューするケースもあります。

企業の社内ドキュメントを使う

企業などの社内資料、動画などをもとに原稿を作る方法もあります。カタログ、営業資料、提案書、会報誌、お客様事例、セミナー資料、セミナー動画などから作る原稿は、他社では作れないオリジナルな原稿になります。

自分の体験を書く

自分の体験をもとに「○○をやってみた」などの記事を書くこともできます。実際に商品などを使ってみて、操作手順、感想、便利な使い方などを書くことができます。

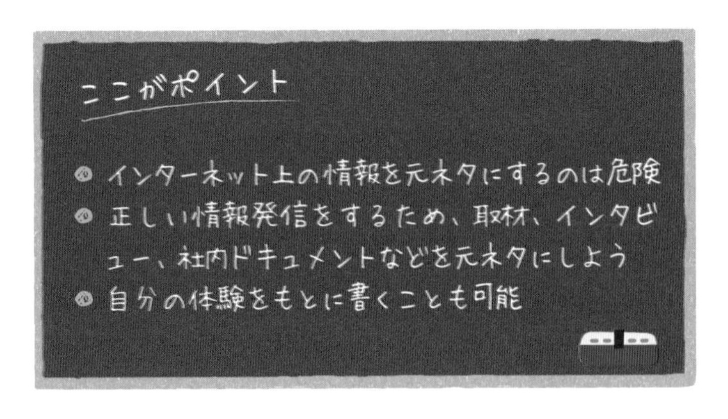

Q インターネットでの情報収集はやってはいけないのですか？

A インターネットでの情報収集が、NGというわけではありません

「1 インターネット上でリサーチすることの危険性」（20ページ参照）に書いた点に注意しながら、インターネット上の情報も上手に活用していきましょう。インターネット上には、信ぴょう性のない情報や古い情報もありますが、逆に情報量が多く、最新情報が見つけられるなどのメリットもあります。

あくまでも、主体は取材などから作るオリジナルコンテンツですが、関連する情報を調べたり、類似のページを調べ勉強したりすることによって、製品やサービスへの理解が深まります。インターネットで調べたことをそのまま転用することは禁止ですが、**参考にする、知識を深めるためにはインターネットは便利**です。

どうしてもインターネットの情報を元ネタにする場合は、国などの公的機関が出している情報や、出典企業名（文責）が明確な情報だけを参考にしましょう。

05 著作権に注意する

Webライティングをする際に、知っておかなければいけないのが、著作権です。著作権を守り、オリジナルな原稿を作るようにしましょう。

1 著作権とは？

Q：問題です。
書店で購入した小説が気に入ったので、自分のブログで小説の文章を入力して、公開しました。この行為は、著作権の侵害になりますか？なりませんか？

A：著作権の侵害になります。

著作権とは、著作者が自らの著作物の権利を独占できるという権利のことです。したがって、他人の著作物を勝手に利用してしまうと、著作権の侵害に該当します。
上記の問題の場合、小説には当然、著作権があります。自分のブログで小説を公開してしまう行為は、著作権侵害になってしまいます。

同様に、インターネット上の原稿、画像、動画など、すべてのものに著作権があります。「この文章は自分の原稿に使える」などと判断して、自分の原稿として利用してしまう行為は、著作権違反になります。**コピペ（コピー＆ペースト）厳禁**と、認識してください。

どうしても利用したい場合は、「引用のルール」に従ってください。いくつかの条件を満たせば、引用文として他人の著作物を利用することができます。

2　引用のルール

引用のルールを守れば、著作物を利用することができます。
文化庁のWebサイトには、以下のような記載があります。

(注5) 引用における注意事項

他人の著作物を自分の著作物の中に取り込む場合，すなわち引用を行う場合，一般的には，以下の事項に注意しなければなりません。

(1) 他人の著作物を引用する必然性があること。
(2) かぎ括弧をつけるなど，自分の著作物と引用部分とが区別されていること。
(3) 自分の著作物と引用する著作物との主従関係が明確であること（自分の著作物が主体）。
(4) 出所の明示がなされていること。（第48条）

出典：文化庁 https://www.bunka.go.jp/seisaku/chosakuken/seidokaisetsu/gaiyo/chosakubutsu_jiyu.html

Webライターにとって、著作権はとても重要です。不安なことは、専門家に確認するように心がけましょう。

ここがポイント

- すべての著作物には、著作権がある
- 著作権を守ることは大前提
- 必要に応じて、引用のルールに従った原稿制作も可能

06 校正を重視する

「校正」とは、文章のなかに誤りがないかを確認して、修正することです。校正は、正しい文章を書くために欠かせない作業です。「校正まで含めてライティング作業である」と心得ましょう。

1 校正の役割とは？

校正は、文章の品質を保つために必須の作業です。**「正確さのチェック」と「わかりやすさのチェック」の両面から**チェックしましょう。

特に、数値情報、固有名詞などが間違っていると、信頼を失うだけではなく、クライアントの損害につながってしまう場合もあります。

わかりにくい文章に読者がストレスを感じると、読むのを途中でやめて、ページから離脱してしまいます。

● 校正の役割

2　校正の方法

パソコンを使ってライティングを行い、パソコンの画面で読み直すだけでは、校正したとはいえません。

次のような方法で念入りにチェックしましょう。

	校正方法	チェックのポイント
1	声に出して読む	自分が書いた文章を声に出して読んでみましょう。文章の読みやすさや、リズム、テンポの悪さなどをチェックできます。
2	プリントアウトする	パソコンなどの画面上では読みにくいものです。印刷して赤ペンでチェックする方法をオススメします。
3	時間をあけてから チェックする	自分が書いた原稿の「間違い」を見つけるのは難しいものです。少し時間をあけてから、客観的にチェックしましょう。
4	校正ツールを使う	無料、有料でさまざまな校正ツールがあります。例えば、Microsoft Wordにも簡単な文章校正機能が付いています（以下を参照）。
5	他の人にチェックを 依頼する	他人の目を通すことによって、自分では見つけられない誤りや、わかりにくい表現を指摘してもらえます。

Microsoft Wordの校正機能

手順 1　【校閲】➡【スペルチェックと文章校正】の順にクリックします

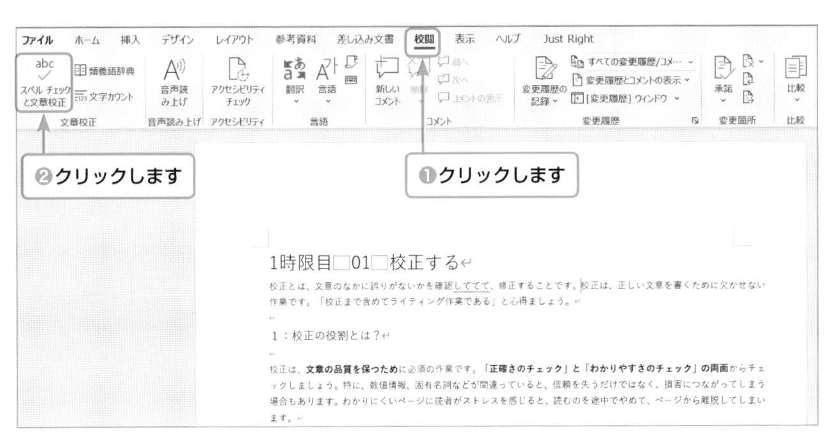

手順2 校正が終わると、画面の右側に誤りが表示されます

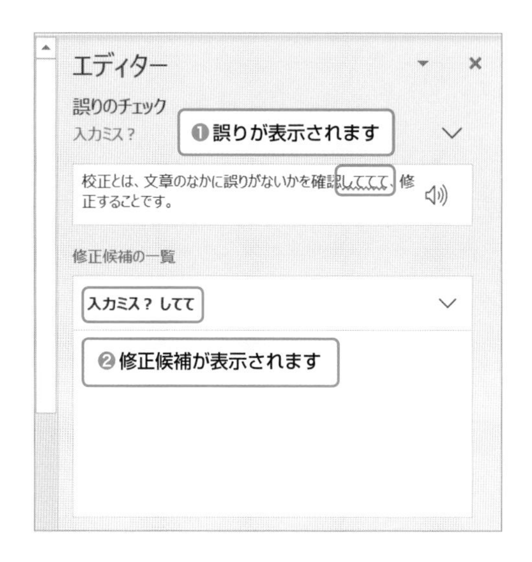

Microsoft Wordの校正機能で、チェック項目やチェック方法を変更したい場合

手順1 【ファイル】➡【オプション】の順にクリックします

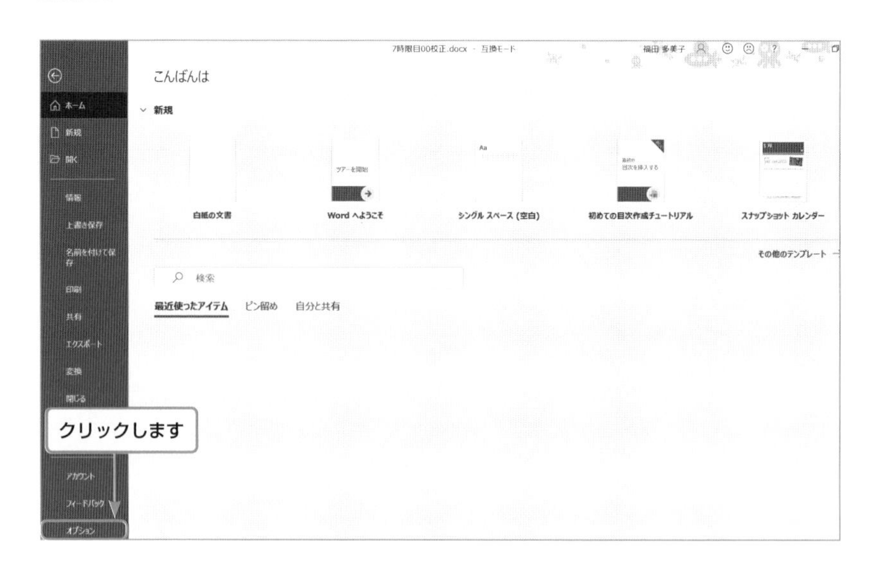

手順 2 「Wordのオプション」ダイアログボックスで細かな設定ができます

クリックします

ここがポイント

- 校正は、ライターとしての当然の仕事
- 「正確さのチェック」と「わかりやすさのチェック」という2つの観点で行う
- 声に出して読む、プリントアウトするなど、いくつか組み合わせて校正の精度を高めよう
- 校正ツールを使って、効率的なチェックも試してみよう

07 スケジュールを管理する

ライターとして仕事をしていくうえで、スケジュールを管理することは重要です。納期を守ることはもちろん、クライアントやディレクターなど、一緒に仕事をしている人と共にチームで動いているという認識をもちましょう。

1 なぜスケジュール管理が大切？

ライティングは、仕事として請け負っている場合、ひとりだけで完結する仕事ではありません。しっかりスケジュール管理をしないと、クライアントに迷惑をかけるだけではなく、自分自身にとっても不利益が多くなります。

納期を守ることは当然で、納期までの工程についてもスケジューリングが必要です。

ライティングの場合、大項目としては、リサーチ（情報収集など）、ライティング（校正含む）、クライアントチェックの工程があります。クライアントのチェックで修正点があれば、修正して再度クライアントのチェックを受けることになります。余裕のあるスケジュールを作成しておくことが大事です。

● ライティングの工程

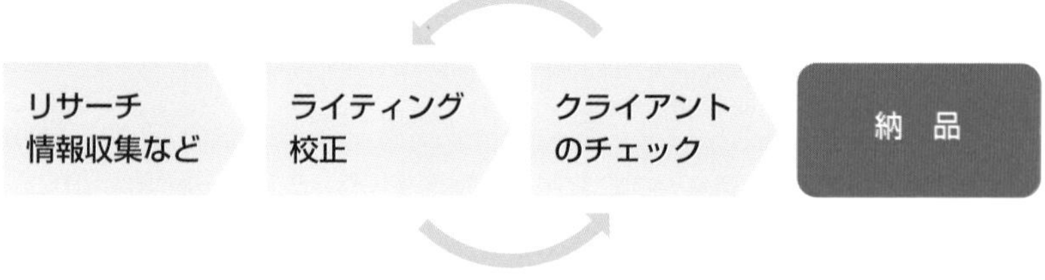

リサーチ 情報収集など → ライティング 校正 ⇄ クライアントのチェック → 納品

2　具体的なスケジュールを立てるには？

納期が決まっている場合は、納期に向けて必要な項目を並べることからはじめます。クライアントに原稿を提出して、1発OKになればいいですが、**数回の修正が入ることを見越しておきましょう**。2回くらい修正を行えるようなスケジュールにしておくと安心です。

それぞれの項目に必要な日数を入れる際も、1日程度、予備日を想定しておきます。例えば「初稿提出までのライティングは3日で大丈夫そうだ」と思っても、急用、体調不良、または別の割り込みの仕事が入ることもあります。予備日を設けて4営業日または5営業日確保しておくと、余裕をもって仕事ができます。

「クライアント側での原稿チェックに何営業日必要か」については、クライアント側に質問するとよいでしょう。**事前に全体スケジュールを共有**しておくことによって、お互い円滑に進められます。

● スケジュールの例

	担当	6/1～	6/8～	6/15	6/18	6/22	6/24	6/26	6/30
		5営業日	5営業日	3営業日	2営業日	2営業日	2営業日	2営業日	ー
1	自分	リサーチなど							
2	自分		初稿執筆						
3	クライアント			初稿チェック					
4	自分				修正2稿作成				
5	クライアント					2稿チェック			
6	自分						修正3稿作成		
7	クライアント							最終確認	
8									納品日

ここがポイント

- 全体スケジュールを確認しよう
- 納期に向けて、必要な項目と必要な日数を確保しよう
- 自分にもクライアント側にも、余裕をもったスケジュールを作ろう

やむを得ずスケジュール通りに進められない場合は、はやめに連絡をとりましょう。
納品日当日に「遅れます」と連絡するのでは、相手に迷惑をかけてしまいます。
事前に進捗状況を伝えて、場合によっては書き方の相談をするなどして、コミュニケーションをとっていきましょう。

2時限目 ライティングのテクニック(基礎編)～わかりやすく書く～

2時限目からは、ライティングのテクニックをたくさん紹介していきますね。
ライティングはセンスではありません！　書き方の「コツ」や「ルール」を身につけていきましょう。

01 「一文一義のルール」で書く

「一文一義のルール」とは、わかりやすい文章を書くための最も重要なルールです。「一文一義」は、「ひとつの文では、たったひとつのことだけを書く」ということ。ひとつの文に、あれもこれもと詰め込むと、わかりにくい文章になってしまいます。

1 ひとつの文で書いていいのは、ひとつだけ

例文

今回のキャンペーンでは数多くのご応募をいただき、キャンペーン事務局では受付作業を丁寧に行っていますので、プレゼントの発送は2週間ほど先になりますが、ぜひ楽しみにお待ちください。

この例文を読んでどう感じましたか？　「読みにくい」「一文が長い」と感じたのではないでしょうか。この例文では、ひとつの文で4つのことを伝えようとしています。このため、文が長くなり、わかりにくくなっています。

これを「一文一義のルール」でリライトし、改善してみましょう。

リライト例 1

今回のキャンペーンでは数多くのご応募をいただきました。キャンペーン事務局では受付作業を丁寧に行っています。プレゼントの発送は2週間ほど先になります。ぜひ楽しみにお待ちください。

「一文一義のルール」に従って、ひとつの文を4つに分けました。**ひとつの文でひとつのことを伝えている**ため、文章がわかりやすくなりました。

ただ、一文一義の文が連続すると、「事務的で冷たい印象を受ける」という場合があります。その場合、適度にいくつかの文をまとめて書いてもよいでしょう。

リライト例 2

今回のキャンペーンでは数多くのご応募をいただきました。キャンペーン事務局では受付作業を丁寧に行っています。プレゼントの発送は2週間ほど先になりますが、ぜひ楽しみにお待ちください。

最後の文は、「一文一義のルール」に沿っていませんが、違和感なく読めたのではないでしょうか。「発送は2週間先」という情報と「お待ちください」という語りかけをつなげることで、文章がスムーズに流れています。

「一文一義のルール」は、わかりやすい文章を書くうえでとても大切なルールですが、すべての文を一文一義でそろえてしまうと、読者に「そっけない印象」を与えてしまうことがあります。

まず、**すべての文を一文一義に直してから、違和感がない程度に文をまとめる**ことをオススメします。

ここがポイント

- 「一文一義のルール」は、わかりやすい文を書くための最重要ルール
- 「ひとつの文で、たったひとつのことだけを伝える」ことを心がけよう

02 主語と述語のねじれをなくす

わかりにくい文の一例として、「主語と述語がねじれている文」があります。ねじれている状態とは、主語と述語が正しい組み合わせになっていないことを指します。

1　主語と述語を正しく組み合わせよう

例文

私の目標は、英会話のレベルをネイティブスピーカー並みにします。

例文を読んで「なんだか変だな？」と感じませんか？　主語と述語に着目して、確認してみてください。

この文の主語は「私の目標は」、述語は「ネイティブスピーカー並みにします」です。

主語と述語だけを読んでみると、「私の目標は、ネイティブスピーカー並みにします」になり、**主語と述語が正しい組み合わせになっていない**ことがわかります。この状態を**「主語と述語がねじれている」**といいます。

主語と述語がねじれていると、意味が通じにくかったり、読みにくくなったりします。文を書くときには、主語と述語が正しく対応しているかどうかをチェックするようにしましょう。**文の主語と述語を抜き出して、声に出して読み上げてみる**と、間違いに気づきやすくなります。

では、例文の主語と述語のねじれを直してみましょう。

リライト例 1

私の目標は、英会話のレベルをネイティブスピーカー並みにすることです。

このようにリライトすれば、主語と述語のねじれが解消できます。または、主語を「私は」に変えて、次のように書くこともできます。

リライト例 2

私は、英会話のレベルをネイティブスピーカー並みにします。

（または）

私は、英会話のレベルをネイティブスピーカー並みにすることを目標とします。

どちらのリライト例でも、主語と述語が正しく組み合わされています。主語と述語のねじれに気づいたら、リライト例 1 のように**述語を修正する**だけでもよいですが、リライト例 2 のように**主語を見直す**ことも検討しましょう。

ここがポイント

- 主語と述語がねじれていないかチェックしよう
- 文の中の主語と述語だけを取り出して、声に出して読んでみよう
- ねじれを発見したら、「主語を見直す」「述語を見直す」の両面から再考してみよう

03 主語と述語を近くに置く

主語と述語は、文の中に必ずセットで入っています。日本語は、主語が冒頭にあり、述語が文末にあるので、「最後まで読まないと結論がわからない」のが弱点です。わかりやすい文を書くためには、主語と述語を近くに配置することが有効です。

1 主語と述語が近い文は、わかりやすい

例文

先生が、英語のノートを一字一句チェックしている私の姿を見守っていてくれた。

この文では、文頭に「先生が」とあり、その後に「ノートをチェックしている」とあります。ここまで読むと、「先生がノートをチェックしている」様子が頭に浮かびますよね。

ところが、読み進めると述語は「見守っていてくれた」となっていて、「ノートをチェックしている」のは「私」であることがわかります。「先生」は、「私」のことを見守っていただけだったのですね。

このように、**「最後まで読まないと、全体像が見えない」のが日本語の弱み**といえます。途中まで読んで想像した様子が、最後まで読んだときに打ち消されてしまうと、読者は「どういうこと？」と混乱してしまいます。こうした混乱を避けるためにも、**主語と述語を近くに置く**ようにしましょう。

リライト例 1

英語のノートを一字一句チェックしている私の姿を、先生が見守っていてくれた。

この文では、主語と述語が近くに置かれているため、「ノートをチェックしているのは誰か」「見守っていてくれたのは誰か」がわかりやすくなっています。

もうひとつ、リライトの方法があります。それは、2つの文に分けて書くという方法です。例文では、一文のなかに、主語と述語の組み合わせが2つ入っていますよね。

先生が、英語のノートを一字一句チェックしている 私の姿を見守っていてくれた。

主語（1）　述語（2）　主語（2）　述語（1）

「一文一義」のルールを思い出してください。「ひとつの文では、ひとつのことを書く」というルールに従うと、次のようにリライトできます。

リライト例 2

私は、英語のノートを一字一句チェックしていた。先生はその姿を見守っていてくれた。

（または）

先生が、私の姿を見守っていてくれた。そのとき私は、英語のノートを一字一句チェックしていた。

このように文を2つに分けると、**ひとつの文に主語と述語が1組ずつ**になり、わかりやすくなります。

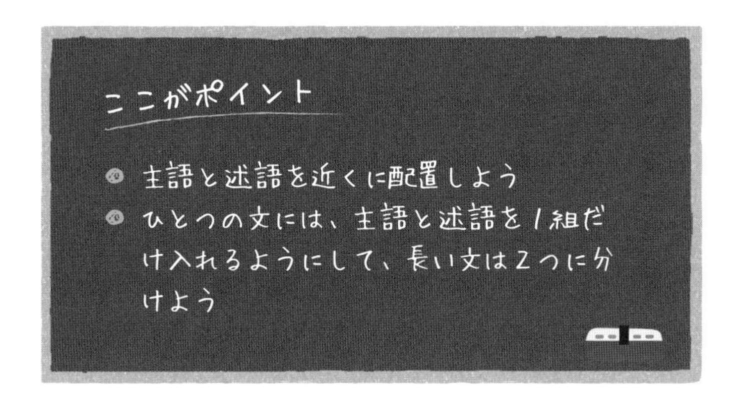

04 修飾語と被修飾語の関係を整理する

わかりやすい文とは、誰が読んでも同じ解釈ができる文です。ところが、修飾語と被修飾語が正しく整理されていない場合、異なる解釈を生んでしまう可能性があります。修飾語と被修飾語を整理して、「誰にとってもわかりやすい文」を書きましょう。

1 修飾語を正しく配置することが大切

読む人によって「こういう解釈もできる」「いや、別の解釈もできる」と受け取り方が異なってしまう文は、わかりにくいものです。

次の例文を読んでみましょう。

> 例文
> **チェック柄の封筒に入っているリーフレットを開いてください。**

この例文を読んだだけでは、「チェック柄の封筒」なのか「チェック柄のリーフレット」なのかがはっきりしません。このように、**複数の解釈ができてしまう文は、読者を混乱させてしまいます。**

> 解釈❶ 「チェック柄」が「封筒」にかかるという解釈
> **チェック柄の封筒に入っているリーフレットを開いてください。**

「チェック柄の封筒の中にリーフレットが入っている」と読み取れる

解釈❷ 「チェック柄」が「リーフレット」にかかるという解釈
チェック柄の封筒に入っているリーフレットを開いてください。

「封筒の柄はわからないが、封筒の中にチェック柄のリーフレットが入っている」と読み取れる

読者を混乱させない、わかりやすい文にするためには、**修飾語の係り受けの関係を一対一にする**ことが大切です。

2 修飾語と被修飾語を近くに置くことが大原則

では、**解釈❶**と**解釈❷**のそれぞれの場合を想定して、わかりやすい文に直してみましょう。

解釈❶ リライト例
- **チェック柄の封筒に入っている、リーフレットを開いてください。**
- **「チェック柄の封筒」に入っているリーフレットを開いてください。**
- **チェック柄の封筒を取ってください。その中に入っているリーフレットを開いてください。**

読点（、）やカッコを使ったり、文章を2つに分けたりすることで、わかりやすい文にすることができます。

解釈❷ リライト例
- **封筒に入っている、チェック柄のリーフレットを開いてください。**
- **封筒を取ってください。その中に入っている、チェック柄のリーフレットを開いてください。**

「チェック柄」と「リーフレット」を近くに配置し、係り受けの関係をはっきりさせました。2つの文に分ける修正案もよいでしょう。

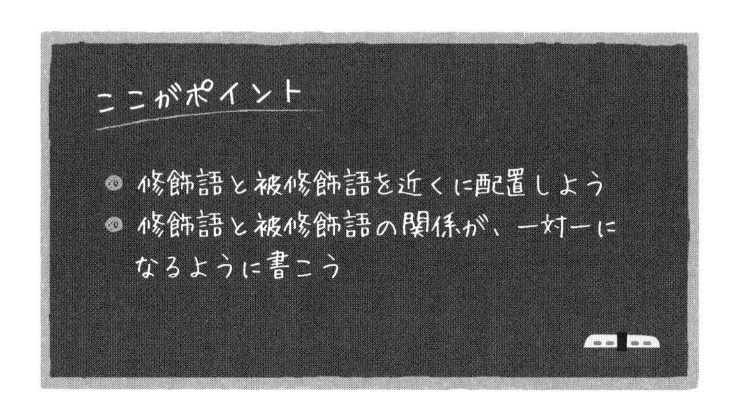

自分で書いた文章を、自分でチェックしても、わかりにくさに気が付かないことがあります。
時間をおいてチェックする、声に出して読んでみる、または第三者にチェックしてもらうなどして、見直しましょう。

Column 1

修飾語がたくさんある文は、要注意

ひとつの文に形容詞や副詞などがたくさんある文は、表情が豊かで魅力的に感じられるというメリットがあります。その一方で、**ひとつの文が長くなり、文が複雑になってしまう**というデメリットがあります。

例文

グレーがかった長い毛の赤い首輪をした３匹の猫たちが、目を輝かせて我先にと新しいおもちゃに突進してきた。

この文の主語は「猫たち」、述語は「突進してきた」で、単文の構造です。ただ、「グレーがかった長い毛の」「赤い首輪をした」「３匹の」というたくさんの修飾語が、主語の「猫たち」にかかっています。「猫たちの様子を詳しく説明したい」という思いのあまり、修飾語や副詞が多く、複雑で長い文になってしまっています。

こんなときは、**思い切って２つの文に分ける**といいでしょう。

リライト例

グレーがかった長い毛の、赤い首輪をした３匹の猫たち。
３匹は、目を輝かせて我先にと新しいおもちゃに突進してきた。
（または）
猫たちは、目を輝かせて我先にと新しいおもちゃに突進してきた。
グレーがかった長い毛の、赤い首輪をした３匹の猫たちだった。

修飾語を多く書くと、わかりにくい長い文になりがちです。修飾語が多いときには文を２つに分けるなど、工夫しましょう。

05 肯定表現と否定表現を使い分ける

文には、肯定表現と否定表現があります。「〜ない」という否定表現は、読者にネガティブな印象を与えてしまいます。肯定表現と否定表現をうまく使い分けましょう。

1 「ネガティブな文章」にしないためには？

ネガティブな表現を読んだとき、読者はどんな気持ちになるでしょうか？

読み手の気持ちを想像しながら、次の例文を読んでみましょう。

例文

当ネットショップでは、無料のラッピングサービスは行っておりません。

このように「ピシャリと否定する表現」は、**冷たい印象、ネガティブな印象**を読者に与えてしまいます。「嫌な気持ちになって、文章を読むのをやめた」「上から目線が鼻につき、ページを閉じてしまった」ということにもつながりかねません。

否定表現を使わず、肯定表現を使ってリライトしてみましょう。

リライト例

当ネットショップでは、ラッピングサービスを有償で行っております。ラッピングペーパーは３種類。ベージュ、ピンク、ブルーのなかからお好きな色をお選びください。

このようにリライトすると、**ポジティブな印象の文**になります。「あなたのお役に立ちたい」という前向きな気持ちが伝わりますね。

2 否定表現をあえて使うケース

読者に好印象を与えたいなら、否定表現はできるだけ使わないほうがいいでしょう。ただし、否定表現が効果的なケースもあります。

例文

絶対に立ち入らないこと。この先は、危険区域です。

このように、危険、注意、禁止などを警告する場合は、きっぱりとした否定表現を使います。

3 「～のように～ない」と書かない

否定表現で、もうひとつ気をつけたいのが、「～のように」という表現を否定する文です。例文を見てみましょう。

例文

この新型のスマートフォンは、以前のスマートフォンのように通信が途切れない。

「～のように」と「～ない」が入っているこの文は、2つの異なる解釈が可能です。

解釈❶

以前のスマートフォンは、通信が途切れることがあった。しかし、新型のスマートフォンは、旧型と違って、通信が途切れない。

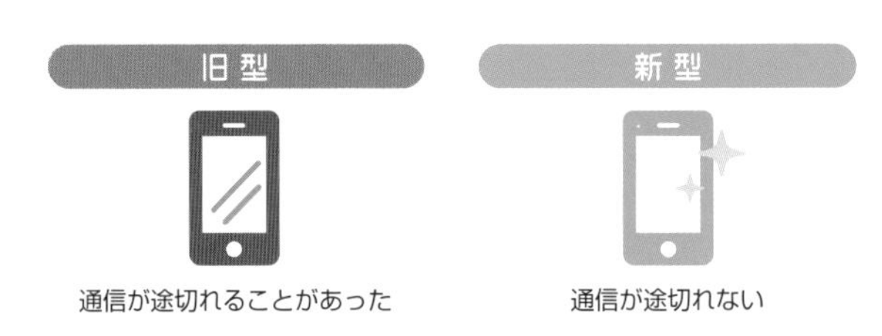

解釈❷

新型のスマートフォンは、以前のスマートフォンと同じように、通信が途切れない。つまり、新型も旧型も、通信が途切れない。

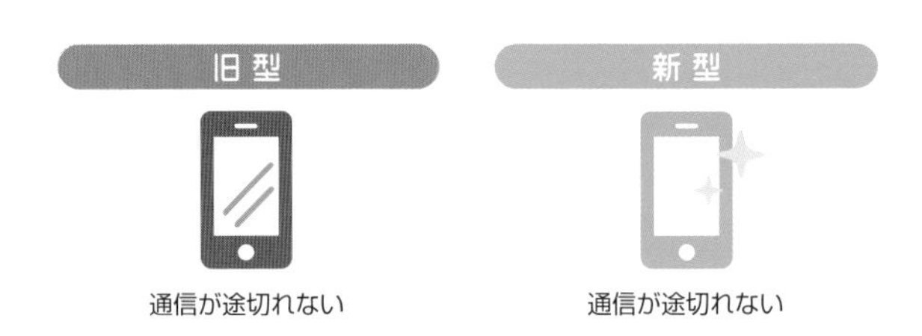

このように、「〜のように〜ない」という表現を使うと、書いている人の意図が正しく伝わらない危険性があります。**「〜のように〜ない」という表現は、使わない**ようにしましょう。

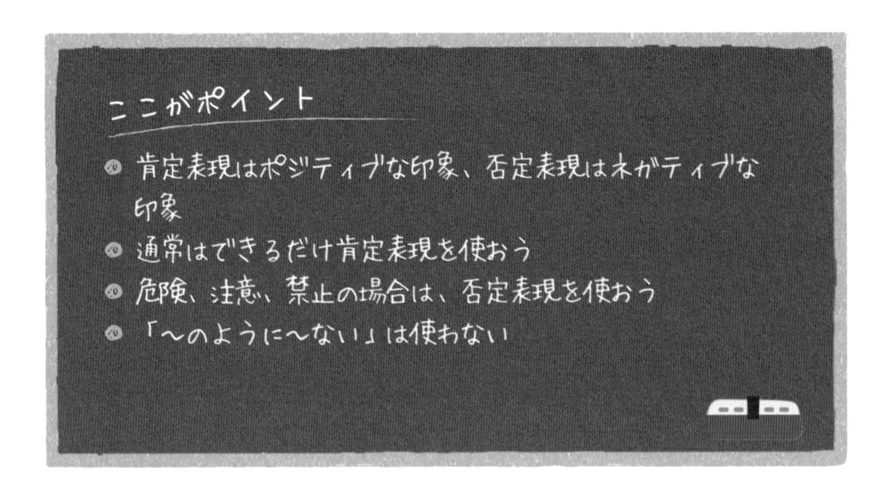

06 二重否定を使わない

一度否定したことを、後からもう一度否定することを二重否定といいます。二重否定の表現は、読者を混乱させる原因になってしまうので、使わないようにしましょう。

1 二重否定を肯定表現に変更する

例文

商品は、３日以内に発送できないというわけではありません。

「発送できない」「～というわけではない」と、**否定表現が２カ所**で使われています。一度否定したことを、後からもう一度否定しているので、読者を混乱させてしまいます。「結局、3日以内に発送できるの、できないの？」と、読者をイライラさせる原因にもなりかねません。

否定表現を使わずに、リライトしてみましょう。

リライト例

商品は、３日以内に発送する予定です。
（または）
商品は、３日以内に発送できます。

二重否定をやめ、**肯定表現で言い切る**文にしました。リライト後のほうが、シンプルでわかりやすくなりました。

「断言するのが不安」といったときには、肯定表現で言い切った文の後に、「ただし、前日の正午までにご注文いただいた場合です」といった、注意書きをつけてもいいでしょう。

2　二重否定をあえて使うケース

二重否定は、基本的には使わないようにしましょう。ただし、二重否定をあえて使い、文に深みをもたせるケースもあります。

例文

社長は、リスクが高いプロジェクトを絶対に許可しないというわけではありません。

この文からは、「たとえリスクが高いプロジェクトであっても、社長は検討をしてくれる」というニュアンスが受け取れます。聞き手は、「どんなプロジェクトなら、社長は『よし』と言うのだろう」と想像を働かせたくなるのではないでしょうか。

このように、二重否定が効果的な場合もあります。

伝えたい相手、文章の目的に応じて、二重否定を使うか、使わないかを判断しましょう。

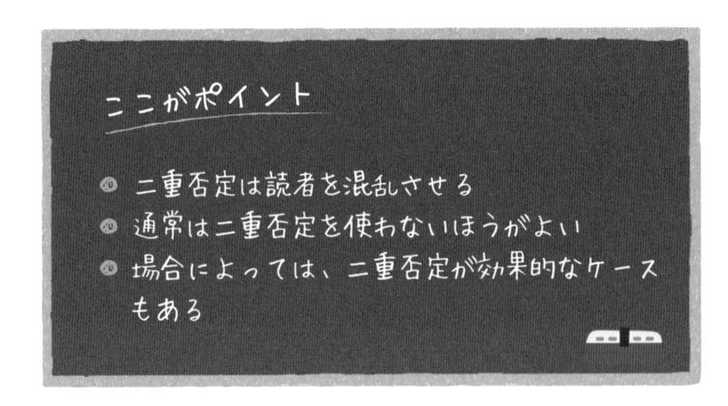

07 能動態と受動態を使い分ける

文には能動態と受動態があります。能動態は「～する」という表現、受動態は「～される」という表現です。実際のライティングでは、能動態と受動態を正しく使い分けましょう。

1 受動態の文は、弱い印象を生む

受動態の文は、責任の所在があいまいで、はっきりとしない印象を与えてしまいます。次の文を見てみましょう。

例文

当研究所では、新薬の開発に乗り出すことが決定された。

この例文は、受動態の文です。「誰が」「何をした」かがはっきりせず、弱い印象を与えてしまっています。

私たち日本人は控えめな表現を好む傾向があり、受動態の表現を多用しがちです。しかし、受動態の文ばかりでは、「自信がなさそう」「消極的」といった印象になりかねません。

例文を能動態に直してみましょう。

リライト例

当研究所は、新薬の開発に乗り出すことを決定した。

このように能動態で書くと、**説得力が増し、ポジティブな表現**になります。また、主語と述語の関係が明確になり、わかりやすい文になりました。

文章を書くときには、**能動態を使うのが基本**と覚えておきましょう。

2　能動態と受動態の使い分け

例文

このスイッチが押されると、登録画面が表示されます。

この文は「押される」「表示される」と2つの受動態が使われています。「スイッチを押すのは誰なのか」「登録画面は自動的に表示されるのか」などがわかりにくいです。

このように動作の主体が2つある場合は、能動態と受動態を使い分ける必要があります。**「人」の動きは能動態、それに対する「もの（システム)」の動きは受動態で書く**と、わかりやすくなります。

リライト例

このスイッチを押すと、登録画面が表示されます。

ここがポイント

- 受動態の文は、消極的な印象を生んでしまう
- 原則として、能動態の文を書こう
- 動作の主体が2つある場合は、「人」の動きは能動態、それに対する「もの（システム）」の動きは受動態で書こう

Q 受動態は使用禁止ですか？

A 文を書くときは、原則として能動態を使いますが、場合によって、受動態で書いたほうがいいこともあります。次の例文を見てみましょう。

事実が明確でない場合

例文
ナスカの地上絵は、死者へのメッセージだったともいわれている。

確かな事実でないことを、能動態で言い切ってしまうと、事実誤認の文章になってしまいます。事実が明確でないことは、受動態で書きましょう。

受動態で主張を弱める場合

例文
予約当日のキャンセル料は、宿泊料金の全額とされています。

意図的に主張を弱めて、やわらかさを出したケースです。このように受動態を使うことで、角が立たない表現ができます。

主語が重要でない場合

例文
印刷ミスの原因は、指定外の紙が使われたためです。

この文は、「印刷ミスの原因が何か」を述べています。このような場合、「誰が行ったか」は重要な情報ではないため、受動態が適しています。

このほか、能動態の文が続き過ぎてリズムを変えたいときや、一般論や誰もが知っている事実を述べるときなどに、受動態が活用できます。

08 接続詞を適切に使う

「そして」「しかし」などの接続詞は、文と文をつなぐ言葉です。接続詞を適切に使うことで、文と文の関係が明確になり、わかりやすくなります。ただし、使い過ぎると逆にわかりにくくなってしまうことがあるので、気をつけましょう。

1 文と文のつなぎ言葉を「正しく」入れる

例文

当社は、新しいメールマガジンを始めることにしました。メールマガジンのテーマや執筆担当者は、まだ決まっていません。

この例では、接続詞がないため、**文と文の関係がわかりにくく**なっています。適切なつなぎ言葉を入れてみましょう。

リライト例

当社は、新しいメールマガジンを始めることにしました。しかし、メールマガジンのテーマや執筆担当者は、まだ決まっていません。

「しかし」という逆接の接続詞を入れることで、**文章が理解しやすくなりました**。

2 接続詞は、使い過ぎないようにする

接続詞を使い過ぎると、かえってわかりにくくなることがあります。次の例文を見てください。

例文

当社は、新しいメールマガジンを始めることにしました。しかし、メールマガジンのテーマや執筆担当者は、まだ決まっていませんでした。そこで、マーケティング部のなかで打ち合わせをすることにしました。すると、鈴木さんが「担当したい」と立候補してくれました。また、メールマガジンのテーマも決まりました。

文と文の関係をはっきりさせるために、「しかし」「そこで」「すると」「また」という4つの接続詞が入っています。接続詞が多すぎると文と文が途切れる印象になって、読みにくくなります。**入れなくても意味が通じる接続詞は、削除**しましょう。

リライト例

当社は、新しいメールマガジンを始めることにしました。しかし、メールマガジンのテーマや執筆担当者は、まだ決まっていませんでした。マーケティング部のなかで打ち合わせをすると、鈴木さんが「担当したい」と立候補してくれました。メールマガジンのテーマも決まりました。

逆接の「しかし」は残して、不要な接続詞を削除しました。また、1カ所は「打ち合わせをすると」と文をつなげて、2つの文をまとめました。

接続詞を入れることによって、文と文との関係性が明確になります。**文章を書くときには、一度、接続詞をすべて入れて書いてみましょう。その後、不要な接続詞を削除して、読みやすく整えることをオススメします**。

ここがポイント

- 接続詞で文を正しくつなげよう
- 接続詞を入れて書いてから、不要な接続詞を削除して整えよう

Q 代表的な接続詞を教えてください。

A 代表的な接続詞は、次のとおりです。

種類	役割／使い方	接続詞の例
順接	前の文を受けて、自然につなぐ	だから、そのため、すると、したがって、それでは
逆接	前の文を受けて、反対方向に導く	しかし、だが、ところが、けれども、それにもかかわらず
並列	前の文と対等、並列につないでいく	また、かつ、ならびに、および
説明	前の文を受けて、同じ意味のまま言い換える	すなわち、つまり、ようするに
転換	前の文から、話題を変える	ところで、さて、それでは
対比	前の文と後ろの文を比べる	一方、反対に、逆に
補足	前の文を補足する	なお、じつは、ただ

09 わかりにくい指示代名詞は使わない

「これ」「それ」などの指示語は、何を指しているのかわからない場合があります。読者の混乱を招かないように、指示語を正しく使いましょう。

1 指示語は適切な位置に置こう

例文

就職のため、東京に引っ越すことが決まった。そして今、東京に住み始めて１年が経過した。それが、私の人生第二幕の始まりだった。

さて、この筆者の「人生第二幕」はいつ始まったのでしょうか？
「東京に引っ越してから」とも考えられますし、「東京に引っ越して、1年経ってから」とも考えられます。このように、**指示代名詞を不用意に使うと、読者を混乱させてしまう**ことがあります。

リライト例

就職のため、東京に引っ越すことが決まった。それが、私の人生第二幕の始まりだった。そして今、東京に住み始めて１年が経過した。

このように書けば、「それ」が指すのは、直前の「東京に引っ越すことが決まった」ことだとはっきりします。
指示代名詞は、直前の言葉を指すときに使いましょう。どれを指しているかわからない指示語は使わず、誰が読んでもわかる文を書くことが大切です。

2　指示語を他の言葉に置き換える

例文

当社には、A事業部とB事業部がある。彼らは、今回の新しい案件に反対だ。

この文では、「彼ら」という指示語（指示代名詞とも呼ぶ）が誰を指すのかがわかりません。「彼ら」が指すものは3種類考えられます。「A事業部」、「B事業部」、または、その両方です。

リライト例

当社には、A事業部とB事業部がある。B事業部は、今回の新しい案件に反対だ。

混乱のもととなる指示語を削除して、「B事業部」という名詞に書き直しました。これで、誰が「新しい案件に反対」なのかがはっきりしました。

ここがポイント

- 指示語は、直前の言葉を指すときに使おう
- わかりにくい指示語がないかチェックしよう
- 指示語は、他の言葉に置き換えよう

10 体言止めでリズムを付ける

体言止めとは、文の末尾に名詞（体言）を置いて文を終える表現のことを指します。体言止めを使うと、文章にリズムが生まれます。単調な文章にリズムを与えたいとき、体言止めを使ってみましょう。

1 文章の名脇役、体言止め

例文

高校最後の学園祭が、ついにスタートしました。クラスの出し物には、大勢のお客さんが集まりました。クラスのみんなは、大忙しで働きました。

この例文では、**「～ました」という文末が続き、単調な印象**です。
体言止めを使って、リズミカルな文章にリライトしてみましょう。

リライト例1

高校最後の学園祭が、ついにスタート。クラスの出し物には、大勢のお客さんが集まりました。クラスのみんなは、大忙しで働きました。

リライト例2

高校最後の学園祭が、ついにスタートしました。クラスの出し物には、大勢のお客さん。クラスのみんなは、大忙しで働きました。

リライト例3

高校最後の学園祭が、ついにスタートしました。クラスの出し物には、大勢のお客さんが集まりました。クラスのみんなは、大忙し。

リライト例では、1カ所に体言止めを使いました。このように、文章の一部で体言止めを使うと、文章にリズムが出ます。

2 体言止めは、使い過ぎに注意

文章にリズムを与えたいときに、便利な体言止め。ただし、**使い過ぎは禁物**です。例として、先ほどの例文をすべて体言止めにしてみると、どうでしょうか。

例文 全文を体言止めにした場合

高校最後の学園祭が、ついにスタート。クラスの出し物には、大勢のお客さん。クラスのみんなは、大忙し。

全文を体言止めにすると、まるで「メモ」のような文章です。投げやりな印象や冷たい印象を与えてしまいます。**体言止めのメリット・デメリット**を覚えて、効果的に使い分けましょう。

体言止めのメリット	体言止めのデメリット
・文末に変化を与える ・文章にリズムを作る ・体言止めにした部分を強調できる	・冷たい印象を与える ・投げやりな感じを与える ・丁寧さに欠ける印象になる

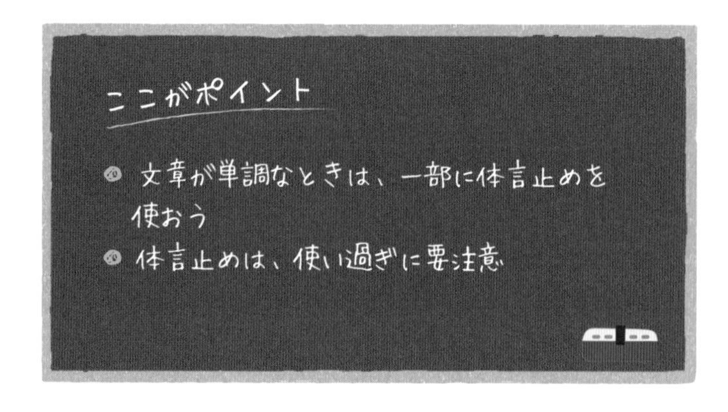

11 重複表現を使わない

重複表現とは、同じ意味の言葉を重ねて使うことをいいます。二重表現とも呼ばれます。例えば、「頭痛が痛い」は重複表現のひとつです。重複表現は正しい表現に直す必要があります。

1 気づかずに使ってしまう!? 重複表現

例文

実際に顔を合わせて打ち合わせすることが、最もベストな方法です。

この文では、「最も」と「ベスト」が重複しています。「ベスト」はそもそも「最もよい」という意味なので、「最も」と書く必要はありません。

リライト例

実際に顔を合わせて打ち合わせすることが、ベストな方法です。
（または）
実際に顔を合わせて打ち合わせすることが、最もよい方法です。

これで、重複表現をなくすことができました。
次の例文はどうでしょうか。

例文

まず最初に、アプリをダウンロードしてください。

「まず」と「最初に」は、同じ意味の言葉です。リライトすると、次のようになります。

リライト例

まず、アプリをダウンロードしてください。

(または)

最初に、アプリをダウンロードしてください。

重複表現のなかには、慣例的に使われているまぎらわしいものもあります。重複表現かどうか不安に感じたら、各種の**国語辞典や『記者ハンドブック』**(共同通信社刊)**などで確認する**といいでしょう。

共同通信社の『記者ハンドブック』紹介ページ
(https://www.kyodo.co.jp/)

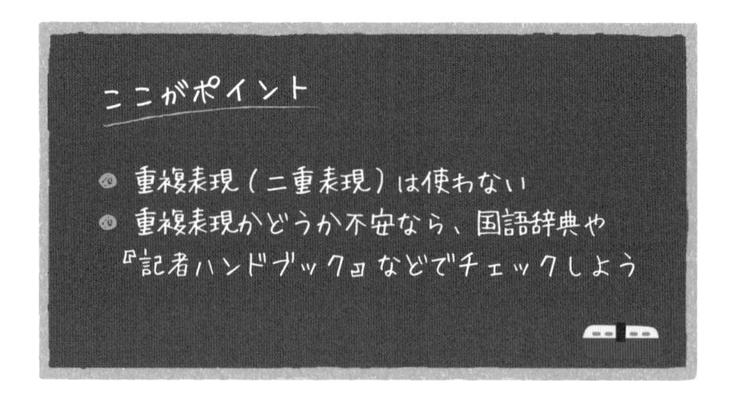

気をつけたい重複表現の例

本文で触れた以外にも、次のような重複表現があります。
一見、「正しいのでは？」と感じるような言葉もあるのではないでしょうか。

重複表現	重複の理由	正しい表現
あとで後悔	「後悔」は「あとで」の意味を含むので、「あとで」と書く必要はない	後悔する or あとで悔いる
断トツの1位	「断トツ」は「断然トップ」の略で、「1位」という意味が含まれる	断トツ or 1位
すべて一任する	「一任」とは「すべてを任せること」なので、「すべて」は不要	すべて任せる or 一任する
過半数を超える	「過半数」は「全体の半分より多い数」を示すため、「超える」は不適当	過半数に達する or 過半数を占める or 半数を超える
従来から	「従来」は「以前から今まで」「これまで」という意味。「から」は不要	従来
かねてから	「かねて」は「以前から」という意味。「から」は不要	かねて
自ら自粛	「自粛」は「自分から進んで、行動や態度を慎む」という意味なので、「自ら」は不要	自粛 or 自ら慎む
違和感を感じる	「違和感」は「ちぐはぐな感じ」という意味	違和感を覚える or 違和感をもつ or 違和感がある
伝言を伝える	「伝言」には「人に頼んで用件を伝える」という意味があるので「伝える」は不要	伝言する
内定が決まる	「内定」は「内々に決まること」を指す	内定する

これ以外にも、さまざまな重複表現があります。国語辞書や『記者ハンドブック』を手元に置いて、気になったら調べるようにしましょう。

12 同じ表現を繰り返さない

文中に同じ表現が何度も繰り返されていると、単調で幼稚な文章になってしまいます。同じ表現ばかりにならないよう、言葉を書き換えて変化をつけましょう。

1　同じ表現を続けず、変化をつける

例文

1970年に開館した当美術館では、現在、周年キャンペーンを行っています。「芸術をもっと身近に」というテーマを掲げ、さまざまなイベントを行っています。

「行っています」という表現が繰り返し使われているため、単調で幼稚な印象になっています。読んだときにテンポ（リズム）が悪く感じられるので、どちらか一方を**違う表現に変えて**みましょう。

リライト例 1

1970年に開館した当美術館では、現在、周年キャンペーンを実施中です。「芸術をもっと身近に」というテーマを掲げ、さまざまなイベントを行っています。

最初の「行っています」という表現を「実施中です」に変えました。例文の単調で稚拙な印象を修正できました。

または体言止めを使って、次のようにリライトしてもいいでしょう。

リライト例2

1970年に開館した当美術館では、現在、周年キャンペーンを実施中。「芸術をもっと身近に」というテーマを掲げ、さまざまなイベントを行っています。

もうひとつ、例文を見てみましょう。

例文

企画部では、来期に向けて新しい製品を考えているところです。今期の売上を分析し、機能について考え中。次の企画会議に間に合うように考えています。

この文章は「考える」という表現が続いているので、単調に感じられてしまいます。

リライト例

企画部では、来期に向けて新しい製品を考えているところです。今期の売上を分析し、機能について検討中。次の企画会議に間に合うように議論を重ねています。

「考える」という言葉を言い換えて、変化をつけました。表現に幅を出したいときは、**類語辞典を使って、似た言葉を探してみましょう。**

ここがポイント

- 同じ言葉、同じ表現が繰り返されると、単調になる
- 言葉や表現の繰り返しを、避けよう
- 表現を変えたいときは、類語辞典を活用しよう

レッツ・チャレンジ！

同じ表現が繰り返し使われている文です。同じ表現を繰り返さない文にリライトしてみましょう。

練習問題❶

編集部では、スタッフでさまざまなテーマを出し合い、長時間検討しています。発案者が提出した資料をもとに検討し、お客さまのアンケート結果を見ながら、さらに検討します。

練習問題❷

社用車を購入するのではなく、カーシェアリングを利用するほうが安いと考える企業が増えている。自動車の維持費、メンテナンス費がかからないため、安くなるのである。

練習問題❸

タンパク質は、体にとって大切な栄養素です。タンパク質を含む食材を適度に摂取することが大切です。タンパク質が多く含まれるのは、肉類、魚介類、卵、大豆製品、乳製品などです。

リライト例と解説

練習問題❶ リライト例

編集部では、スタッフでさまざまなテーマを出し合い、長時間アイデアをぶつけ合っています。発案者が提出した資料をもとに熟考し、お客さまのアンケート結果を見ながら、さらに議論を重ねます。

解説

「検討する」という言葉が繰り返し登場し、単調な文になっていました。こんなときは、「検討する」を他の言葉に置き換えてみましょう。

練習問題❷ リライト例

社用車を購入するのではなく、カーシェアリングを利用するほうがリーズナブルだと考える企業が増えている。自動車の維持費、メンテナンス費がかからないので、コスト削減が可能になる。

解説

「安い」を別の表現に変えました。また、「安い」という言葉は、直接的で幼稚な印象を与えるため、「安価」「お得」「コストを削減できる」などの表現に変えるといいでしょう。

練習問題❸ リライト例

タンパク質は、体にとって大切な栄養素なので、適度に摂取することが大切です。肉類、魚介類、卵、大豆製品、乳製品などが、タンパク質を多く含んでいます。

解説

リライト前の文章は、文末に「です」が連続していて、単調な印象になります。そこで、2つの文を1つにまとめたり、文末を書き換えたりしてリズムを変えました。

13 文末を簡潔にする

「〜することができます」「〜なのではないでしょうか」といった文末が連続すると、まわりくどい文章になってしまいます。文末はできるだけシンプルにして、伝えたいことが明確に伝わる文を目指しましょう。

1 「〜することができる」を使わない

可能を表現するときに、「〜することができます」と書く人は少なくありません。しかし、この表現は文字数が多く、まわりくどく感じられます。シンプルに「〜られます」「〜できます」に直すとよいでしょう。

例文

データから、コストが上昇したと読み取ることができます。

リライト例

データから、コストが上昇したと読み取れます。

例文

電源をつなぐと、スイッチを入れることができます。

リライト例

電源をつなぐと、スイッチを入れられます。

（または）

電源をつなぐと、スイッチが入ります。

例文

この部屋では、インターネットを使用することができます。

リライト例

この部屋では、インターネットを使用できます。
（または）
この部屋では、インターネットが使用可能です。

「～することができます」という文末は「～られます」「～できます」と書き換えることで文章がすっきりとして、わかりやすくなります。

2　文末をシンプルにして、わかりやすく

例文

接客で大切なのは、お客さまの気持ちになって接することであるといえます。常に「もし自分が客だったら」と考え、してほしいことや言ってほしいことを想像しながら接客することが有効なのではないでしょうか。

文末の「～することであるといえます」「～なのではないでしょうか」という表現は、どれも少しまわりくどく響きます。シンプルにリライトしてみると、どうなるでしょうか？

リライト例

接客で大切なのは、お客さまの気持ちになって接することです。常に「もし自分が客だったら」と考え、してほしいことや言ってほしいことを想像しながら接客するといいでしょう。

文末をシンプルにすることで文字数が減り、読みやすくなりました。

ついつい文末に凝った表現を使いたくなりますが、**文章全体を通して読み、不要な表現は削除する**ようにしましょう。

そのほか、次のような文末表現もシンプルに書き換えることをオススメします。

- **記録を残す ➡ 記録する**
- **実験を行う ➡ 実験する**
- **作成を行う ➡ 作成する**
- **会議を開く ➡ 会議する**
- **発注を行う ➡ 発注する**
- **修正を行う ➡ 修正する**
- **提案を行う ➡ 提案する**

このように、文末をひとつの動詞に書き換えるだけでも、文章が読みやすくなります。

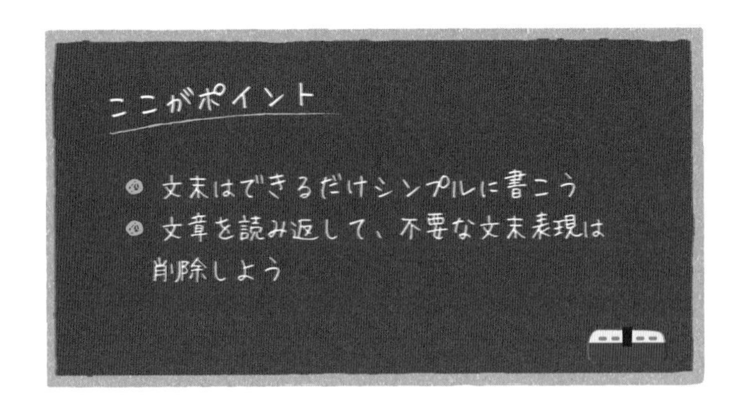

3時限目

ライティングのテクニック（実践編）～伝わりやすく書く～

3時限目では、より実践的なテクニックを説明していきます。テクニックを理解したら、自分で例文を考えてみるなどして、スキルアップしていきましょう。

01 箇条書きで伝わりやすく表現する

Webライティングでは、すべてを文章で伝える必要はありません。伝わりやすくするために、箇条書きを使いましょう。箇条書きを使うと視覚的に表現できるので、読者にとって理解しやすくなります。

1 単語の羅列をよりわかりやすく見せるには？

例文

レンタル会議室には、プロジェクター、ホワイトボード、マイクセット、延長コード、冷蔵庫、電気ケトル、調理器具、食器、電子レンジなどが備わっています。

この文を読んで、どう感じましたか？　100文字に満たない文です。さっと読んで理解することはできると思いますが、箇条書きを使うと、もっと伝わりやすくなります。

箇条書きとは、いくつかの項目を並べる書き方のことです。

上記の例文を、箇条書きを使ってリライトしてみてください。

リライト例 1

レンタル会議室には、次の用具が備わっています。

・プロジェクター

・ホワイトボード

・マイクセット

・延長コード

・冷蔵庫

・電気ケトル

・**調理器具**
・**食器**
・**電子レンジ**

項目を並べることによって、「文を読んで理解する」のではなく、「**パッと見て認識できる**」ようになりました。これが、箇条書きの効果です。

項目を並べる前に「レンタル会議室には、次の用具が備わっています」という文を入れることが大事です。または、この文を見出しのように変えてもよいでしょう。

リライト例2

〈レンタル会議室に備わっている用具〉
・**プロジェクター**
・**ホワイトボード**
・**マイクセット**
・**延長コード**
・**冷蔵庫**
・**電気ケトル**
・**調理器具**
・**食器**
・**電子レンジ**

次に、項目の種類に注目してみてください。項目の数が多い場合、種類別に分けるとよりわかりやすくなります。

例文の項目には、OA機器に分類される項目と、キッチン用品に分類される項目がありますよね。

分類して、箇条書きを2階層にして表記してみましょう。

リライト例3

レンタル会議室には、次の用具が備わっています。
■OA機器
・プロジェクター
・ホワイトボード
・マイクセット
・延長コード
■キッチン用品
・冷蔵庫
・電気ケトル
・調理器具
・食器
・電子レンジ

項目を並べる際に使う記号（■や・）は自由ですが、ルールを決めておくようにしてください。ページによっていろいろな記号が使われると、統一感がなくなってしまいます。

また、★などの記号はカジュアルな印象を与える場合もあります。読み手や目的などに応じて、ふさわしい記号を使いましょう。

ここがポイント！

- 文章中に複数の項目が出てきたら、箇条書きを使おう
- 項目を並べる記号は、文章にふさわしい記号を使おう
- 並べる項目の数が多い場合には、グルーピングをして二階層にして表記しよう

Q 箇条書きの項目は、何個まで並べてもよいのでしょうか？

A 並べる項目数に制限はありませんが、「マジカルナンバー7」を目安にしてください。

マジカルナンバー7とは、アメリカの認知心理学者ジョージ・ミラーが1956年に提唱した理論です。**人が一時的に記憶できる情報の数は、「7±2」、つまり5個～9個の間であると理解しましょう**。この数値は、数々の実験から導かれたデータです。項目の数を決めるときの目安になります。

箇条書きの項目数が多くなった場合は、「7つ前後に整理できないか」と考える癖をつけましょう。

わかりやすい文、伝わりやすい文を書くために、認知心理学や脳の仕組みなどを勉強することもオススメです。

短期記憶

人間がWebサイトなどの文章を読むとき、読み進めている文や単語は、一時的に「短期記憶」で保持されます。短期記憶には限界があって、ジョージ・ミラー氏によると7つ前後までとされています。人間が文章をサクサク読み進めるためには、短期記憶で処理しやすいような短い文を書くことが重要になるわけですね。

右脳と左脳

人間の脳には、右脳と左脳があります。左脳は、文字や数字などを扱う論理的な脳。右脳は、絵や図形を扱う直感的な脳です。

箇条書きを使って、前ページの リライト例3 のような書き方ができると、次のように表として掲載することも可能になります。

リライト例4

レンタル会議室には、次の用具が備わっています。

OA機器	キッチン用品
・プロジェクター ・ホワイトボード ・マイクセット ・延長コード	・冷蔵庫 ・電気ケトル ・調理器具 ・食器 ・電子レンジ

02 箇条書きの記号を使い分ける

箇条書きを使う際、どんな記号を使ったらいいか迷うことはありませんか？　記号の使い分けは、並べる項目に「順番性があるかないか」で判断しましょう。

1　箇条書きの記号を使い分ける

例文❶

ABC英会話教室に入会をご希望される方は、Webからお申し込みください。学習状況をヒアリングし、無料体験授業の日程調整をいたします。無料体験授業を受けていただき、その後、正式な申し込みとなります。

この文をもっとわかりやすく表現するとしたら、どのように修正しますか？　箇条書きを使って整理してみてください。

「01 箇条書きで伝わりやすく表現する」（70ページ参照）では、箇条書きの記号として「・」（中点）を使いましたね。ここでは、どんな記号を使うとわかりやすくなるでしょうか？

リライト例1

ABC英会話教室への入会までの流れは、以下の通りです。
1）Webから申し込み
2）学習状況のヒアリング
3）体験授業の日程調整
4）無料体験授業の受講
5）正式申し込み

番号付きの記号を使うことによって、「順番に行う」ということがわかりやすくなりました。「例文」では文をすべて読んでようやく手順を理解できましたが、リライト例1では「パッと見て理解できる」ようになりました。

箇条書きにできる文は、積極的に箇条書きを利用するように心がけましょう。また、**順番性のある項目を並べるときは、数字を使うようにしましょう**。

各項目について、ちょっとした補足説明を入れたい場合は、次のように書きます。

リライト例2

ABC英会話教室への入会までの流れは、以下の通りです。

1）Webから申し込み
入会者ご本人の名前でお申し込みください。

2）学習状況のヒアリング
教室の担当者からお電話し、10分ほどお話をお聞きします。

3）体験授業の日程調整
ヒアリングの際に、ご希望日時をお知らせください。

4）無料体験授業の受講
無料体験授業は、おひとり3時間まで受講可能です。

5）正式申し込み
無料体験授業の際に必要書類をお渡しします。

箇条書きから表や図を作ることも可能です。

表や図を作る場合は、まず箇条書きで書いてみて、**項目の抜け漏れがないかをチェックしてから図表化**しましょう。

リライト例 3

ABC英会話教室への入会までの流れは、以下の通りです。

手順	項目	説明
1	Webから申し込み	入会者ご本人の名前でお申し込みください。
2	学習状況のヒアリング	教室の担当者からお電話し、10分ほどお話をお聞きします。
3	体験授業の日程調整	ヒアリングの際に、ご希望日時をお知らせください。
4	無料体験授業の受講	無料体験授業は、おひとり3時間まで受講可能です。
5	正式申し込み	無料体験授業の際に必要書類をお渡しします。

リライト例 4

ABC英会話教室への入会までの流れは、以下の通りです。

1. **Webから申し込み**
入会者ご本人のお名前で申し込みください
2. **学習状況のヒアリング**
教室の担当者からお電話し、10分ほどお話をお聞きします
3. **体験授業の日程調整**
ヒアリングの際に、ご希望日時をお知らせください
4. **無料体験授業の受講**
無料体験は、おひとり3時間まで受講可能です
5. **正式申し込み**
無料体験授業の際に必要書類をお渡しします

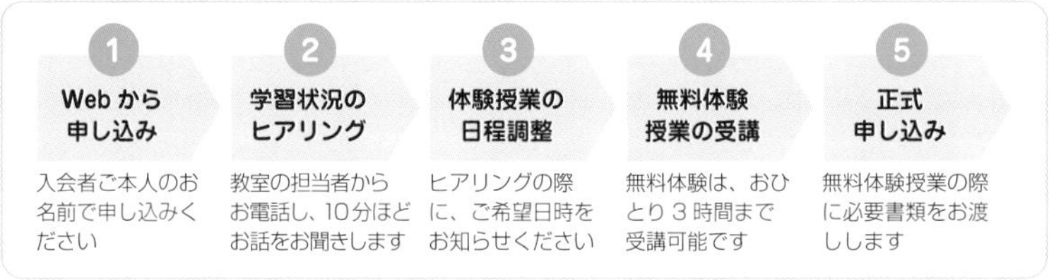

ここがポイント！

- 箇条書きの記号の使い分けは、並べる項目に「順番性があるかないか」で判断しよう
- 順番性がある箇条書きでは、番号付きの記号を使おう
- 図表化する前に、箇条書きで整理して項目の抜け漏れをチェックしよう

03 数字を入れて具体的に書く

数字は、読み手の視線をひきつけると同時に、読み手を「なるほど」と納得させる力をもっています。数字を入れて書くことで、具体的でリアリティーのある文章に仕上げられます。

1 数字で書くと「ピンとくる」

文章に数字が入っていると、説明が具体的になり、わかりやすくなります。例えば、次の文を見てみましょう。

例文❶

今回の読者プレゼント企画では、たくさんのプレゼントをご用意しました。

「たくさん」という書き方では、人によって「10個くらい」「100個くらい」など、異なる解釈ができてしまいます。数字を入れて、**誰が読んでも同じ解釈ができる文**に直す必要があります。

リライト例

今回の読者プレゼント企画では、100個のプレゼントをご用意しました。

このように「100個」と明記することで、誰が読んでも同じ意味になります。**疑問の余地がない、具体的な書き方**になりました。

また、数字を入れることで、**リアリティー（信ぴょう性）が高まる**効果もあります。読み手は、「プレゼント企画に応募してみようかな？」という気持ちになるでしょう。

数字は、**アイキャッチ（視線をつかまえること）の効果**も生みます。「100」という数字の表記に目がとまることで、読者に読むきっかけを与えます。

2　形容詞を数字に置き換える

文章中にあるあいまいな表現を探して、「数字に置き換えられないか？」と考えてみましょう。

例えば、次のような表現は数字で言い換えることができます。

・多い ⇒ 100個の
・少ない ⇒ 2個の

・速い、高速の ⇒ 時速250キロメートルの
・遅い、低速の ⇒ 時速1キロメートルの

・重い、重量の ⇒ 2トンの
・軽い、軽量の ⇒ 10グラムの

・高い ⇒ 高さ300メートルの
・低い ⇒ 高さ3センチメートルの

・広い ⇒ 10平方メートルの
・狭い ⇒ 1坪の

このほかにも、数字で置き換えられる表現はたくさんあります。

具体的でリアリティーのある文章にするため、できる限り数字で表すようにチャレンジしてみましょう。

3　比較を使って数字をわかりやすくする

数字とともに、**具体的にイメージしやすい比較対象を並べる**と、よりわかりやすい文章になります。

例えば、「この部品の重さは、わずか1グラムです」という表現だけでは、具体的にどのくらいなのかピンとこないことがあります。そこで、「この部品の重さは、わずか1グラム。1円玉と同じ重さです」と書くと、よりわかりやすくなります。

ほかにも、次のような例があります。

例文❷

この牧場の広さは、約10万平方メートル。東京ドーム2つ分の面積に相当します。

例文❸

このサプリは、ブルーベリーエキス100ミリグラムを配合。およそ、ブルーベリー果実200個分です。

数字だけを記載	イメージしやすいように比較対象を並べて表す
ブルーベリーエキス100ミリグラムを配合	ブルーベリーエキス100ミリグラムを配合 およそ、ブルーベリー果実200個分

「ブルーベリー果実200個分」と言い換えたことで、イメージしやすい表現になりました。**数字と比較対象を並べて書く**と、数字のもつインパクトを高められます。

4 数字を強調するコツ

数字を書くことで、具体的にわかりやすく伝えられます。ただし、その数字を大きいと感じるか、小さいと感じるかは、読み手の感覚によって異なります。

例文❹

こちらのトートバッグは、2,000円です。

この文で、トートバッグの値段はわかりますが、それが高いのか安いのかは読者の判断にゆだねられます。

リライト例

こちらのトートバッグは、たったの2,000円です。
(または)
こちらのトートバッグは、なんと2,000円です。

「たったの」「なんと」と付け加えると、トートバッグの安さを強調できます。ちょっとした表現を加えて、数字を大きく見せたり、小さく見せたりする方法です。

ここがポイント!

- 文章中のあいまいな表現を、数字に置き換えてみよう
- 数字はアイキャッチになり、文章の説得力も増す
- 数字をイメージしやすい比較対象を入れると、より効果的
- 数字の前に「たったの」「なんと」などと入れると、意図したとおりに強調できる

04 名詞、固有名詞を使ってリアリティーを出す

Webライティングでは、読み手の興味をひくことがとても重要です。そのためには、漠然とした表現ではなく、具体的な表現をするように心がけましょう。名詞の使い方を工夫して、説得力のある文章を書く方法を紹介します。

1 「普通名詞」と「固有名詞」

名詞には、**「普通名詞」と「固有名詞」**の2つがあります。

普通名詞とは、「花」「車」「社会」「鉛筆」など一般的な名称のことです。固有名詞とは、「山田太郎」などの人名、「新宿」などの地名、「日本武道館」などの建物の名称のように、ただひとつだけの事物を指す、それ固有の名称のことをいいます。

例文❶

私は、今までに多くのペットを飼ったことがあります。

この例文にある「ペット」は、普通名詞です。これだけでは、どんなペットなのかがわかりません。そこで、もっと具体的な普通名詞に直してみましょう。

リライト例1

私は、今までに猫、うさぎ、ハムスターを飼ったことがあります。

「猫」「うさぎ」「ハムスター」と書くことで、動物の種類がわかり、文章が具体的になります。ペットを飼っていたということに**リアリティー（信ぴょう性）が出ました。**

さらに、固有名詞を付け加えてみましょう。

リライト例❷

私は、今までに「小雪」という名前の猫、「モカ」という名前のうさぎ、「まめ」と「もち」という2匹のハムスターを飼ったことがあります。

「小雪」「モカ」「まめ」「もち」という固有名詞を含んだことで、さらに具体的な記述になりました。固有名詞には、**文章のリアリティーが高まり、イメージがつきやすくなる**という効果もあります。

このように、名詞を使うときには、より具体的な名詞を使いましょう。普通名詞を入れるとしても、「**読者にとってイメージしやすい普通名詞は何か**」を考えて言葉を選んでみてください。さらに、文章に固有名詞を入れることで、より具体的になり、説得力を高められます。

2 代名詞は、普通名詞や固有名詞に置き換える

代名詞とは、「私」「あなた」「彼」「彼女」「彼ら」「それ」「それら」のように、名詞に置き換えて使われる言葉です。Webライティングでは、**代名詞をできるだけ使わずに、普通名詞や一般名詞を使う**ようにしましょう。

代名詞が使われた文では、読み手は常に「この代名詞は何を指すのか」と**前後を探さなくてはなりません**。代名詞ではなく、名詞で書いたほうがわかりやすい文章になります。

例文❷

今年、家族旅行で法隆寺を訪れました。それは、現存する日本最古の木造建築です。

「法隆寺」を「それ」という代名詞に置き換えています。文章全体を読まないと「それ」が何かがわかりません。「それ」と代名詞を使わずに、「法隆寺」という固有名詞に置き換えましょう。

リライト例

今年、家族旅行で法隆寺を訪れました。法隆寺は、現存する日本最古の木造建築です。

代名詞を固有名詞に置き換えると、文章がわかりやすくなります。

小説のような文章では、代名詞を使って文章に深みを出したり、読み手に考える余地を与えたりする場合があります。しかし、Webライティングでは代名詞をできるだけ使わず、わかりやすく書くようにしましょう。

3　固有名詞は正しい表記で使う

固有名詞を入れるときには、**正しい表記かどうか確認**しましょう。例えば、会社名を書くときには「株式会社」が前に付くのか、後ろに付くのかを必ず確認します。また、個人の名前を書くときにも、正しい漢字になっているか確認して、間違いがないように気をつけましょう。

アルファベットの固有名詞では、大文字・小文字の違いに注意します。文頭だけ大文字、すべて小文字など、正式名称によってルールが異なるので確認が必要です。

【固有名詞を入れるときの注意】

× グリーゼ株式会社　　× 成田空港　　× 湘南江ノ島駅
○ 株式会社グリーゼ　　○ 成田国際空港　　○ 湘南江の島駅

× facebook　　× Youtube
○ Facebook　　○ YouTube

固有名詞のなかには、普段からよく知っているけれど、間違いやすい表記のものもあります。固有名詞を書くときには、正式名称を確認して間違いなく記載しましょう。

4　略語には正式名称を添える

文章中に略語を書くときには、**略語とともに正式名称を並べて書く**と親切です。略語に正式名称を記述するのは、文章内で初めて略語が出てきたとき（初出のとき）だけでも問題ありません。

例文❸

トンマナ（トーン＆マナー）とは、文章やデザインの一貫性を保つためのルールのことです。

「トンマナ」という略称と正式名称の「トーン＆マナー」を並べて表記しています。正式名称を記すことで、よりわかりやすくなります。

例文❹

AI（Artificial Intelligence）とは、人工知能のことです。

英単語の略字を書くときには、正式名称を併記しておきましょう。

ここがポイント！

- 名詞を使うときには、具体的な一般名詞や固有名詞を使おう
- 一般名詞より固有名詞のほうが、リアリティーのある表現になる
- 代名詞はできるだけ使わず、一般名詞や固有名詞で書こう
- 固有名詞を使うときは、正しい表記か確認しよう
- 略語を使うときは、正式名称を前後に記述しよう

漠然とした説明文は、伝わりにくく記憶にも残りにくいものです。数値、固有名詞、会話文、エピソードなどを入れて、具体的に説明することが大事です。印象的な文章に仕上げましょう。

05 会話文を入れて臨場感を出す

淡々とした説明文だけでは、読者の心を動かすことは難しいものです。臨場感を出し、読者の気持ちを動かすために、声や会話文を活用する方法があります。

1 声や会話文で、読者を納得させる

例文❶

新製品のノートパソコンは、多くの人から高評価されています。

ただ事実を述べるだけの文は、具体性がなく、印象に残りにくいものです。第三者の声を入れて、リアリティーを演出してみましょう。

リライト例1

新製品のノートパソコンは、軽くて持ち運びやすい、キーボードが打ちやすい、映像がクリアで美しいと、高評価されています。

第三者の感想を入れることで、ノートパソコンのよさが具体的に伝わるようになりました。ただ、第三者の声が文中に埋もれてしまっています。

リライト例2

新製品のノートパソコンは、多くの人から次のように高評価されています。

「バッグに入れていることを忘れるほど軽くて、持ち運びが苦になりません」

「旧製品よりキーボードが打ちやすくなり、仕事がはかどります」

「映像がクリアで美しく、お気に入りの映画に没頭できるのがうれしいです」

リライト例❷では、**第三者の発言を文の下に並べ、カギかっこで囲んでいます**。カギかっこを使うと会話形式になり、文章に臨場感が生まれるので効果的です。リアリティーが出て、その場の雰囲気まで表現できます。

2 「お客様の声」を掲載する

作り手や売り手が「こんなにいい商品ですよ」とアピールするだけでは、信ぴょう性は高まりません。信ぴょう性を高めるコンテンツのひとつに、「お客様の声」「レビュー」があります。

第三者の具体的な評価を掲載して、リアリティーを出しましょう。

例文❷

東京都　44歳　女性

ヘアトリートメントなんて、どれも同じだと思っていました。でも、今回は本当にびっくり！　ドライヤーをかけているときも、手触りが違うんです。ぺしゃんこだった髪がふんわりとして、「なんだか最近、若く見えるね」と友達からも褒められました。

お客様のリアルな声をそのまま掲載することで、商品のよさが伝わります。見出しを工夫すると、さらに効果的です。

リライト例

ぺしゃんこ髪がふんわり！　若見えに成功

東京都　44歳　女性

ヘアトリートメントなんて、どれも同じだと思っていました。でも、今回は本当にびっくり！　ドライヤーをかけているときも、髪の手触りが違うんです。ぺしゃんこだった髪がふんわりとして、「なんだか最近、若く見えるね」と友達からも褒められました。

リライト例では、見出しを入れて「東京都　44歳　女性」を小さい表記に変えました。見出しによって、読者は「**どんな感想が書いてあるのかがわかる**」「**自分に関係がありそうかどうかを判断できる**」ようになります。

Webライティングでは、見出しはとても重要です。

お客様の声を掲載するときにも、**小見出しやキャッチコピーを付ける**ようにしましょう。

ここがポイント！

- 第三者の声を文章に入れて、臨場感を演出しよう
- 第三者の声や会話文を掲載するときは、カギかっこで囲んで並べよう
- お客様の声には、見出しやキャッチコピーを付けるとよい

06 漢字、ひらがな、カタカナを使い分ける

文章を書くときに、漢字、ひらがな、カタカナの使い分けで悩んだことはありませんか。Webライティングでは、漢字、ひらがな、カタカナの印象の違いを考えて、表記を選ぶことをオススメします。

1 漢字、ひらがな、カタカナの特徴

日本語には漢字、ひらがな、カタカナの表記があり、これらを使い分けて文章を書きます。

眼鏡　めがね　メガネ
鞄　かばん　カバン
炬燵　こたつ　コタツ

漢字、ひらがな、カタカナには、どんな印象の違いがあるのでしょうか。それぞれのメリットとデメリットを見てみましょう。

● 漢字、ひらがな、カタカナのメリットとデメリット

	漢字	ひらがな	カタカナ
メリット	・きちんとした印象 ・見たときに意味を推測できる（覚えやすい）	・柔らかい印象 ・読みやすい	・シャープな印象 ・新しい、斬新な印象
デメリット	・難しい印象 ・読めない可能性がある ・漢字が多いと圧迫感を与えてしまう	・幼い印象	・頭に入りにくい ・記憶に残りにくい

漢字、ひらがな、カタカナのうち、どの表記を選ぶかによって印象が異なります。**読者にどのような印象をもってほしいか**を考えて、適した表記を選びましょう。

2　漢字、ひらがな、カタカナの使い分け

漢字、ひらがな、カタカナは、それぞれ異なる印象をもっています。どのように使い分ければいいのでしょうか。

例文❶

あなたを知的に演出する、老舗ブランドのメガネをご紹介します。

例文では「メガネ」というカタカナ表記を使っています。この文により適した表記はないか考えてみましょう。

リライト例

あなたを知的に演出する、老舗ブランドの眼鏡をご紹介します。

「眼鏡」という漢字表記に直しました。「メガネ」「眼鏡」どちらの表記でも間違いではありませんが、「眼鏡」と書いたほうが「知的」「老舗」といったイメージと相性がよくなりました。

例文❷

パリのモデルが愛用する、最先端のモード系めがねを特集します。

この文では、「めがね」とひらがな表記になっています。「最先端」「モード」という言葉に合わせると、ほかにどの表記が考えられるでしょうか。

リライト例

パリのモデルが愛用する、最先端のモード系メガネを特集します。

「メガネ」というカタカナ表記にリライトしました。シャープな印象になり、「最先端」「モード」という言葉とマッチしました。

漢字、ひらがな、カタカナを使い分けると、文章の印象を変えられます。「**どんな印象を与えたいか**」を考えて、表記を選びましょう。

ここがポイント！

- 漢字、ひらがな、カタカナのメリットとデメリットをチェックしておこう
- 漢字、ひらがな、カタカナは、印象の違いで使い分けよう

カタカナ表記の専門用語を使うときは注意が必要です。
例えば「アジェンダ」「サマリー」「エビデンス」「コミット」などの言葉はどうでしょう？
読者によっては「どんな意味かさっぱりわからない」場合もあるでしょう。
一方で「アジェンダ」「サマリー」「エビデンス」「コミット」を日常的に使っているケースもあります。
ライター自身が知らないからといって、その表記を避けるのではなく「読者がどんな人か」によって、用語を使い分けましょう。

07 主観と客観を使い分ける

主観的な文章と、客観的な文章には、それぞれメリットとデメリットがあります。主観、客観について理解し、書き分けることを目指しましょう。

1 主観的な文章と客観的な文章の違い

主観的な文章と客観的な文章には、どのような違いがあるのでしょうか。

主観的な文章とは？

文章を書いている人（私）の感情、考え方、意見、感想を述べた文章のことです。例えば、日記や手紙、感想文は、主観的な文章の代表例です。

客観的な文章とは？

科学的データ、統計データ、一般的な価値観、すでに知られている過去の事実、通説などをもとに述べられた文章のことです。代表的な例として、論文やレポートが挙げられます。

例文❶ 主観的な文

このコーヒーは、とてもおいしい。

この文は、書き手（私）の**個人的な意見、感想であり、主観的**です。書き手が「おいしい」と感じただけで、このコーヒーが本当においしいのかどうかはわかりません。

リライト例 1 客観的な文

当店のオンラインショップで、このコーヒーのリピート率は80パーセント以上です。

この文にある「リピート率80パーセント以上」という内容は**客観的事実**であり、書き手の個人的な意見ではありません。コーヒーがおいしくて満足したからこそ、お客様はリピートをしたはずなので、「このコーヒーはかなりおいしそうだ」と想像できます。

このように、**客観的な文は主観的な文よりも説得力が高くなります。**

2 主観と客観を使い分ける

Webライティングでは、文章の目的によって、主観と客観を使い分けて書くことが大切です。

例文 2 主観だけで書いた文章

私は、事業者向けのメールマガジンを読むとき、スマートフォンを使うことがほとんどです。今や、事業者向けのメールマガジンはパソコンではなくスマートフォンで読む時代だと感じます。
事業者向けのメールマガジンを書くときには、スマートフォンでも読みやすいように考慮すべきです。

この文章は、「私の体験はこうだ」「私はこう思う」という主観だけで書かれています。書き手は「事業者向けのメールマガジンは、スマートフォンで読みやすくするべき」と主張していますが、個人的な体験、推測しか書かれていないので、説得力に欠けます。

客観的な事実を加えて、文章をリライトしてみましょう。

リライト例❷ 主観と客観を織り交ぜた文章①

株式会社グリーゼが行ったアンケート調査によると、「事業者向けのメールマガジンをスマートフォンで読む」と回答した人は、70.7%でした。
事業者向けのメールマガジンを書くときには、スマートフォンでも読みやすいように考慮すべきです。

出典：株式会社グリーゼ「BtoBメール閲覧実態の把握」2020年5月

客観的な事実であるアンケート結果を引用することで、「事業者向けのメールマガジンは、スマートフォンで読みやすくするべき」という**主張に説得力が生まれました。**

3 主観と客観の織り交ぜ方で印象が変わる

前述の **主観と客観を織り交ぜた文章①** 「では、書き手の主観は最後の文にだけ書かれています。このため、文章の印象が少し無機質に感じられるかもしれません。

書き手の主観をもう少し加えて、文章に温かみを加えた例が、次の文章です。

リライト例❷ 主観と客観を織り交ぜた文章②

株式会社グリーゼが行ったアンケート調査によると、「事業者向けのメールマガジンをスマートフォンで読む」と回答した人は、70.7%でした。
私も、事業者向けのメールマガジンを読むとき、スマートフォンを使うことがほとんどです。今や、事業者向けのメールマガジンはパソコンではなくスマートフォンで読む時代だと感じます。
事業者向けのメールマガジンを書くときには、スマートフォンでも読みやすいように考慮すべきです。

出典：株式会社グリーゼ「BtoBメール閲覧実態の把握」2020年5月

主観と客観を織り交ぜた文章① と比べて、親近感がもてる文章になりました。**主観と客観の織り交ぜ方によって、読者への印象が変わる**ということを覚えておいてください。

主観と客観を織り交ぜた文章①② のどちらがいいかは、文章の目的によって変わります。場合によって、使い分けるとよいでしょう。

4 主観を客観に修正するときのコツ

主観的な表現ではなく、客観的な表現を取り入れると、文章の説得力が高まります。文章中のちょっとした「主観」を取り除き、代わりに客観的なデータ（数字や具体的な名詞）を入れるといいでしょう。

主観を客観に修正したいときには、まず、文章中の**「主観的な表現」を探してみます**。主観的な表現を見つけたら、その部分を**「事実、名詞、データに置き換えられないか？」と考えてみましょう**。

例文❸ 主観

信濃川は、とても長い川です。いろいろな魚が生息していると思います。

リライト例 3 客観

信濃川は、全長367キロメートルで、日本一長い川です。信濃川河川事務所のホームページによると、イワナ、ヤマメ、カジカ、スナヤツメ、アユなどが生息しているそうです。

主観の文の「とても長い」「いろいろな魚」という部分を、客観的なデータに置き換えました。具体的な説明により、文章の説得力が高まりました。

ここがポイント！

- 主観的な文章と客観的な文章の違いを理解しよう
- 親近感を生む主観的表現と、説得力を増す客観的表現をバランスよく織り交ぜよう
- 主観を客観に修正するコツを知っておこう

客観的なデータを探す際に、インターネットでの検索には注意が必要です。インターネット上の情報は、「誰が書いた原稿か不明」「いつの原稿か不明」という場合も多いです。

できればクライアントからデータを入手する、またはアンケートを実施するなどして、信頼のおけるデータを使いましょう。
不確実なデータを安易に掲載してしまうと、トラブルの原因にもなりかねません。

08 画像を効果的に使う

文章に画像を添えることで、さまざまなメリットが生まれます。画像には、アイキャッチ（読者の視線をひきつける）効果や、興味をもたせて読む気にさせる効果などがあるので、上手に活用しましょう。

1 画像で視線をひきつける

あるWebページを閲覧したとき、「ちょっと読んでみようかな」と感じるか、「何か違うから読むのをやめよう」と感じるかは最初の3秒で決まるといわれています。

一瞬で読み手の興味をもたせるためには、**ページを開いたときに最初に表示されるキャッチコピーと画像**に工夫が必要です。

● 画像はアイキャッチとして働く

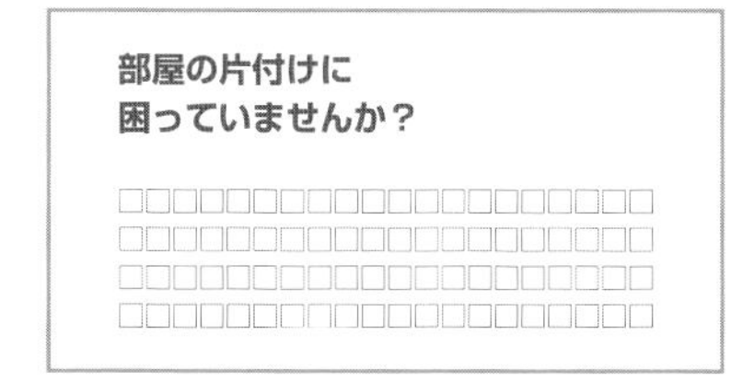

左のページは文字だけで、右のページには画像が入っています。多くの人が、右のページに目をとめたのではないでしょうか。

画像は、**人の目をひくアイキャッチの効果**をもっています。インパクトの強い画像をページに入れると、読み手の視線をひき寄せられるのです。

2　画像で読む気をひき出す

文字だけのWebページは、真面目な印象、堅苦しい印象を与えます。ページに画像を入れることで、相手に**「わかりやすそう」「おもしろそう」という印象**をもってもらえます。

次の例を比べてみてください。

● 画像で印象をアップさせ、読む気にさせる

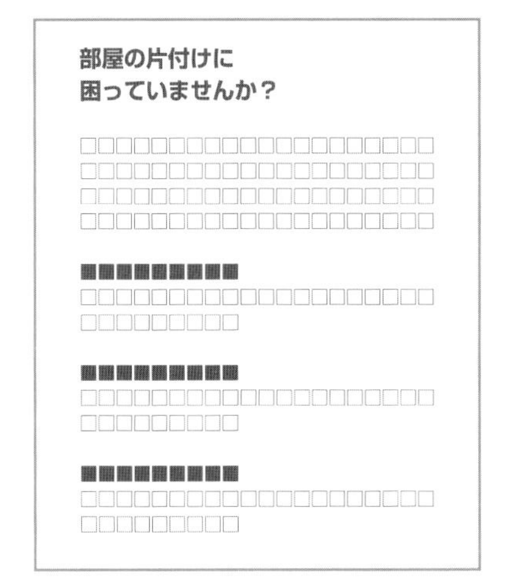

人はそもそも、「文章を読むのは、めんどうくさい」「できれば文章を読みたくない」と思っているものです。画像が入っていると、堅苦しい印象がやわらぎ、**「読んでみようかな」と思わせる効果**があります。

画面をスクロールするごとに画像がひとつ出てくるような頻度で、画像を配置するといいでしょう。

3　画像で雰囲気を伝える

画像1枚だけでも、多くの情報を伝えられます。画像は、**「イメージ」「雰囲気」「印象」など感覚的なもの**を伝えることに優れています。

次の「クッキングセミナー開催！」というページを比べてみましょう。それぞれどんな印象をもつでしょうか？

● 雰囲気や印象など、感覚的なことを画像で伝える

どちらも「クッキングセミナー」なのですが、印象や雰囲気が異なると思います。

左のページを見ると、「栄養士の先生が講義するのかな？」という印象を受けます。右のページからは、「実習が中心で楽しそう」というイメージが浮かびます。文章に添える画像を選ぶときには、読み手に**「どんな印象をもってほしいのか」**を考えながら決めましょう。

4 画像で「自分ごとかどうか」がわかる

画像を使うことで、読み手の視線を集めて、雰囲気を伝えられます。また、画像は、商品やサービスが**「自分に関係が深いのか、そうでないのか」**を判断してもらう材料になります。

次ページの例を見てください。

● 画像で「自分に関係が深いかどうか」がわかる

左のページを見ると、「30～40代の女性が多く集まるセミナーのようだ」と想像できます。一方、右のページは「シニア世代の男性がメインのセミナーなんだな」という印象です。このように、読み手は画像を見て「自分に関係が深いかどうか」を判断しています。

画像を選ぶときは、見る人が「あっ、私にぴったりだ」と**自分ごととして感じてもらえる画像を選択することが大切**です。

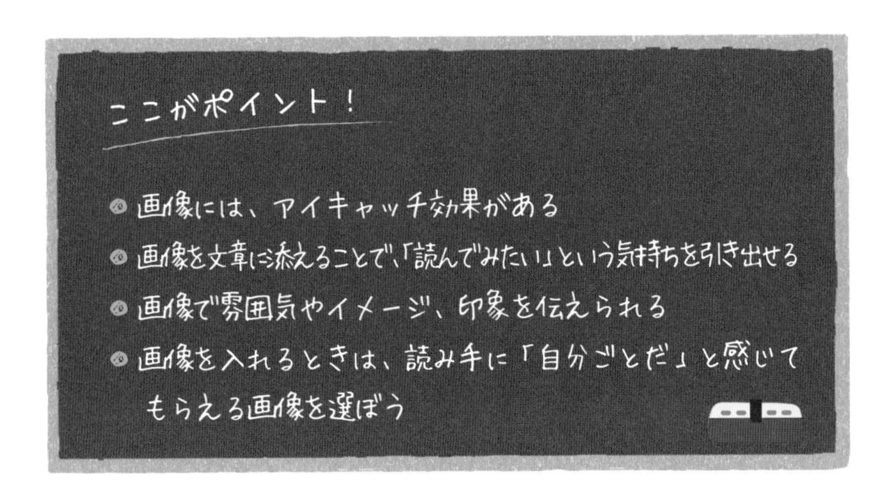

09 印象のよい文章を書く

言葉の使い方や表現方法によって、文章の印象は大きく変わります。Webライティングでは、サイトの品格を保つために、好印象な文章に仕上げる必要があります。気をつけるべきポイントを見ていきましょう。

1 話し言葉と書き言葉の違いを知る

話し言葉は**口語**と呼ばれるもので、会話をするときの言葉です。

書き言葉は**文語**と呼ばれるもので、公用文書に使う言葉を指します。

近年、ブログやSNSが普及して「話し言葉のまま、文章を書く」ということが増えました。個人のブログやSNS、エッセーなどを見ると、書き言葉ではなく話し言葉で書かれていたり、話し言葉と書き言葉が混ざっていたりします。

Webライティングでは、**話し言葉と書き言葉の使い分けが必要**です。例えば、企業のWebサイトの文章には書き言葉がふさわしく、話し言葉は適していません。

例文❶

うちの部署は、営業会議でいろんな意見が出て、すごく活気があります。

「うちの部署」「いろんな」「すごく」は、書き言葉ではなく話し言葉です。公にする文書としては、フランクすぎる印象です。リライトしてみると、どうなるでしょうか。

リライト例

私たちの部署は、営業会議でさまざまな意見が出て、とても活気があります。

話し言葉を書き言葉にすることで、**きちんとした印象の文**になりました。

2　話し言葉と書き言葉の例

Webライティングでは、話し言葉で文章を書くと、品格のない印象を与えてしまうことがあります。

つい文章で使ってしまう話し言葉には、どんなものがあるのでしょうか。代表的な話し言葉と書き言葉の例を表にまとめました。

話し言葉（口語）	書き言葉（文語）
今	現在
このごろ	近年、昨今、最近
ぜんぜん	まったく
たぶん	おそらく
どんどん	急速に
こっち、そっち、あっち、どっち	こちら、そちら、あちら、どちら
こんなに	これほど
でも、だけど	しかし、だが
いろんな	いろいろな、さまざまな
どうして	なぜ
やっぱり	やはり
とっても、すごく	非常に、きわめて
ちゃんと	きちんと

話し言葉と書き言葉のどちらで書いたほうがいいかは、文章を掲載する場所や目的によって違います。例えば、FacebookやTwitterなどのSNSでは、書き言葉で書くと堅苦しい印象になってしまいます。

SNSでは、**話し言葉で書いたほうが読み手とのコミュニケーションがとりやすいケースも多い**のです。

文章を掲載する先（媒体）、文章の目的によって、**話し言葉と書き言葉を使い分ける**といいでしょう。

3 敬語の使い方

印象のよい文章を書くためには、敬語を正しく使うことが大切です。日本語には、**尊敬語、謙譲語、丁寧語**があります。正しく使い分けて、品格のある文章を目指しましょう。

● 尊敬語、謙譲語、丁寧語

	尊敬語	謙譲語	丁寧語
使い方の違い	相手を敬って、相手を立てるときに使う。 相手に敬意を示す表現になる。	自分をへりくだるときに使う。 自分がへりくだることによって、相手を立てる。	相手に関わらず、表現を丁寧にしたいときに使う。 基本的には「です」「ます」「ございます」を付ける。
言う	おっしゃる	申す	言います
食べる	召し上がる	いただく	食べます
行く	いらっしゃる おいでになる	うかがう 参る	行きます
見る	ご覧になる	拝見する	見ます
聞く	お聞きになる	うかがう 拝聴する	聞きます
する	なさる される	いたす	します

尊敬語、謙譲語、丁寧語は、ビジネスメールでもよく使われます。相手に失礼がないように、敬語の使い方をあらためて確認してみてください。

二重敬語に気をつけよう

相手に失礼のない文章を書こうとするあまり、**必要以上に敬語を使いすぎてしまう**ケースがあります。次の例文を見てください。

例文❷

明後日のセミナーの注意事項について、担当スタッフにお聞きになられましたか？

「お聞きになられましたか？」の「お聞き」と「なられる」の部分が、二重敬語になっています。

リライト例

明後日のセミナーの注意事項について、担当スタッフにお聞きになりましたか？

（または）

明後日のセミナーの注意事項について、担当スタッフに聞かれましたか？

このように、「お聞きになりましたか」または「聞かれましたか」と書けば十分です。

4　差別用語、不適切な表現を避ける

文章を書くときには、差別用語を使わないようにします。差別用語とは、国籍、人種、性別、職業、宗教などに対して、否定的に表現する言葉を指します。読み手を不愉快にするような表現も含めて、**不適切な表現を使わない**ようにしましょう。

例えば、次のような差別用語、不適切な表現に注意が必要です。

● 注意したい差別用語、不適切な表現（例）

差別用語、不適切な表現	好ましい表現
床屋	理髪師
看護婦	看護師
父兄	保護者
産婆	助産師
スチュワーデス	キャビンアテンダント・客室乗務員
保母	保育士
外人	外国人

なお、差別用語や不適切な用語については、『記者ハンドブック』（共同通信社刊）などに詳しい説明があります。ぜひ参考にしてみてください。

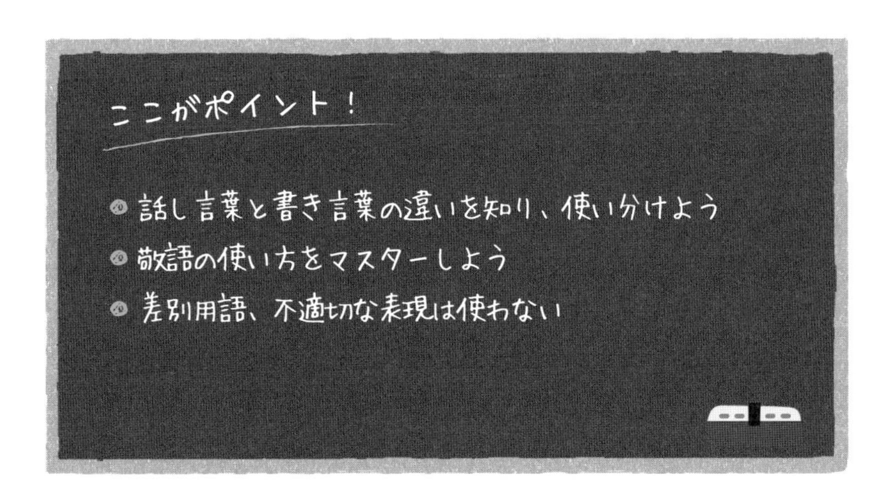

10 インタビューから記事を書く

記事を書くときに、インタビューを行うことがあります。インタビューから作る原稿は、ひとつとして同じものがない「オリジナルコンテンツ」の代表例です。ここでは、インタビューのポイントについて説明します。

1 インタビューのメリットとは

インタビューとは、テーマに沿って質問者が回答者に質問を行い、具体的な話をひき出す取材方法のことです。

インタビュー記事には、次のようなメリットがあります。

- 回答者と会話することで、多くの情報、具体的なエピソードをひき出せる
- リアルな原稿、臨場感のある原稿、旬な原稿が書ける
- 他の人には書けない、オリジナル原稿（オリジナルコンテンツ）が作れる

A さんインタビュー（タイトル）

○○株式会社
△△さんが語る、
新規事業□□の
きっかけと成果

(リード)□□□□□□□□□□□□□□□□□□□□□□□□□□□□□□□□□□□□□□□

Q 新規事業□□を始めたきっかけは？
A □□□□□□□□□□□□□□□□□□□□□□□□□□□□□□□□□

Q どんなところに苦労しましたか？
A □□□□□□□□□□□□□□□□□□□□□□□□□□□□□□□□□

Q 新規事業□□の成果について教えてください
A □□□□□□□□□□□□□□□□□□□□□□□□□□□□□□□□□

Q 今後は、どのような展開を予定していますか？
A □□□□□□□□□□□□□□□□□□□□□□□□□□□□□□□□□

Webライティングでは、文章が「**オリジナル（独自性・独創性がある）かどうか**」は重要なポイントです。インタビュー記事は、他では書けないオンリーワンの原稿であり、オリジナルコンテンツの代表的なものです。

2 インタビューの準備

インタビューをしてオリジナルの記事を作る場合、次のような準備を行います。

インタビュー相手について調べておく

インタビューをする前に、インタビュー対象者のことをWebサイトや著作、SNSなどで調べておきましょう。どんな経歴なのか、どんなことに興味があるかなど、さまざまな角度から情報を集めることをオススメします。

ICレコーダーを用意する

インタビューをICレコーダーで録音すれば、聞き取れなかったところを聞き直したり、あらためて文字起こししたりできます。ICレコーダーは、念のため2台用意しておくと安心です。

インタビューシート（質問票）を用意する

インタビューの前に、「どんなことを質問するのか」をまとめた**インタビューシート（質問票）**を作成し、インタビュー対象者に送っておきます。**記事のできあがりイメージ**も合わせて送っておくと、相手も「質問にどう答えればいいか」というイメージがわきやすくなります。

インタビューシートと記事の仕上がりイメージ

インタビューシート

インタビューシート

質問１　新規事業□□を始めたきっかけ
- 新規事業□□の概要について教えてください
- 新規事業□□のアイデアは、どんなきっかけで生まれたのですか？

質問２　苦労した点
- 新規事業□□を発案するとき、苦労したことを教えてください
- 新規事業□□を実現する際、苦労したことを教えてください
- 立ち上げ当初、周りからはどんな反応がありましたか？

質問３　新規事業□□の成果について
- 新規事業□□の成果について、具体的な数値を含めて教えてください
- 社内の反応、社外の反応はどうでしたか？
- 実際の利用者からは、どんな声が上がりましたか？

質問４　今後の展開
- この先３年間は、どのような展開を予定していますか？
- 新規事業□□は、ほかの事業にどんな影響を与えると思いますか？

記事の仕上がりイメージ

Aさんインタビュー（タイトル）

○○株式会社
△△さんが語る、
新規事業□□の
きっかけと成果

(リード)□□□□□□□□□□□□□□□□□□□□□□□□□□□□□□□□□□□□□

Q 新規事業□□を始めたきっかけは？
A □□□□□□□□□□□□□□□□□□□□□□□□□□□□□□□□□□□

Q どんなところに苦労しましたか？
A □□□□□□□□□□□□□□□□□□□□□□□□□□□□□□□□□□□

Q 新規事業□□の成果について教えてください
A □□□□□□□□□□□□□□□□□□□□□□□□□□□□□□□□□□□

Q 今後は、どのような展開を予定していますか？
A □□□□□□□□□□□□□□□□□□□□□□□□□□□□□□□□□□□

インタビューシートと、記事の仕上がりイメージをインタビュー対象者と共有しておくと、次のようなメリットがあります。

・インタビュー対象者が、あらかじめ回答を用意できる
・話の脱線を防げる
・インタビュー時間を短縮できる
・できあがりの原稿を想定しておくことで、原稿執筆がスムーズになる

インタビューしているうちに、話が本題からそれてしまったり、雑談ばかりで大切な話が聞けなかったりしては、記事に必要な情報が得られません。**インタビューシートと記事の仕上がりイメージを共有**しておくことは、必要な情報を効率的に聞く手助けになります。

3　インタビュー当日

インタビューを成功させるためには、相手が気持ちよく話せるよう気配りすることが大切です。

好感がもてる身なり、話し方を心がける

きちんとした服装、身なりで、相手への敬意を表しましょう。取材するときには、明るい表情、丁寧な話し方を心がけてください。相手に「話しやすい人だ」と感じてもらえれば、会話が弾みます。

好感がもてる身なりを整える

- いわゆる「オフィスカジュアル」と呼ばれる、ビジネスにふさわしい服装で
- 髪はまとめる、肌の印象を整えるなど、清潔感を大切に
- 明るめの色のＹシャツ、ブラウスなどで柔らかい印象を演出
- インタビューの相手に合わせて、スーツを着たり、ネクタイをしたりといった調整を

相手に興味があることを伝える

事前に調べておいた情報をもとに、「○○さんの著書を読みました。特に、△△のところが心に残りました」「SNSでお写真を拝見しました。□□にお詳しいのですね」など、具体的な感想を伝えるといいでしょう。**相手に興味がある姿勢を見せることが大切**。「自分に興味をもってくれている」「共感してくれている」と思えば、心を開いて話してくれるはずです。

ICレコーダーで録音する

会話を進めながらメモを取るのは、難しいものです。インタビュー当日は、**ICレコーダーで録音し、会話に集中**するといいでしょう。

4　インタビュー後の作業

インタビューが終了したら、原稿を執筆して確認作業に入ります。原稿は、印刷して自分でチェックした後に、取材対象者に確認をお願いしましょう。

原稿の確認

原稿ができあがったら、原稿の確認を行います。誤字脱字があったり、インタビューで聞いた内容と異なる記述があったりしてはいけません。しっかりと**原稿内容の確認、校正**を行ってください。このとき、校正ツールを活用するといいでしょう。

原稿を修正してから、インタビュー対象者のチェックに移ります。

取材対象者に原稿確認をお願いする

取材先に原稿を送るときは、最初にインタビューのお礼を伝えます。**原稿でチェックしてもらいたい点、確認の期限**も記しておきましょう。確認の日数は相手の都合を考慮して、余裕をもたせるようにします。

公開後に報告とお礼をする

原稿を修正して間違いがないかを確認してから、Webサイトに原稿をアップロードします。公開後、**取材対象者にURLを報告**しましょう。紙媒体であれば、制作物を郵送することが礼儀です。

インタビューを行うときは、今回お伝えしたポイントを参考に、**しっかりと計画を練って**挑みましょう。準備、当日の取材、インタビュー後の作業のスケジュール管理も忘れずに。また、取材対象者に対して失礼のないよう心がけてください。

ここがポイント！

- インタビュー記事は、オリジナルコンテンツの代表格
- インタビューするときは、準備を念入りに
- インタビュー当日は身なりや話し方に注意。相手に気持ちよく話してもらうことが大切
- おれいや原稿確認、公開後の報告まで、きちんと行おう

Webライターに求められる、インタビューや取材の仕事はさまざまです。
ライター1名に対して取材対象者が複数名いる「グループインタビュー」や、複数名のユーザーが集まり、特定のテーマで会話する「座談会」もあります。
セミナーを聞き「セミナーレポート」を作成したり、イベントに参加して「イベントレポート」を執筆したりする仕事も依頼される可能性があります。
日ごろから、さまざまなタイプの記事を読み、準備しておきましょう。

SNS用の記事作成と投稿作業

Facebook や Twitter などの SNS に投稿するための記事作成も、Web ライターの仕事です。

例えば、「週に 1 回、企業の Facebook ページで投稿をしたい。そのための記事を書き、画像も用意してほしい」や「企業アカウントの Twitter で、毎日ツイートしたいのでメッセージを書いてほしい」といった依頼です。

SNS 関連の案件では、請け負う仕事の範囲について確認しましょう。

画像について

SNS に投稿するための記事作成だけではなく「記事に合わせて画像も用意してください」と依頼される場合があります。画像には著作権がありますので、注意が必要です。

インターネット上には、フリー画像をダウンロードできるサイトも多いですが「商用利用が OK かどうか」「利用する際の注意事項はないか（例えばリンクするなどの条件がないか）」について、確認してください。できれば、SNS に投稿する画像は、クライアントから提供してもらうと安心です。

投稿作業について

記事を書くだけではなく、記事の投稿作業まで依頼されることもあります。投稿作業には、注意が必要です。誤った内容を投稿してしまったり、投稿するタイミングを間違ってしまったり、自分のアカウントで投稿してしまったり…。ちょっとしたミスが、大きなトラブルにつながってしまう危険性があるのです。

投稿作業を請け負う場合は、作業マニュアルを作る、2 名体制でお互いにチェックしながら作業するなど、ミスを起こさないための対策を立ててください。

4時限目

Webライティングの構成と見出し

相手の心を動かすためには「どんな順番で書くか（構成）」が大事です。
Webライティングで使える3種類の構成について、説明しましょう。

01 「総論・各論・結論」ロジカルな構成

文章構成の基本的な型として、「総論・各論・結論」の型を覚えましょう。「総論・各論・結論」の構成を使うと、ロジカルでわかりやすく読みやすい文章が書けます。

1 「総論・各論・結論」の文章構成とは？

「総論・各論・結論」の文章構成とは、小論文などで用いられる型のことです。

最初に「総論」として、文章全体として伝えたい「概要」を書きます。次に「各論」で、「総論」で伝えたいことを具体的、かつ詳細に書いていきます。最後に全体のまとめとなる「結論」を書くという構成になります。

総論	文章全体で何を伝えたいのか、概要を書く
各論	総論で述べた内容を、具体的に書く
結論	各論の展開を受け、まとめを書く

読者は総論を読むだけで、**文章全体で書かれている概要、全体像を把握**できます。概要をつかんでから読み進めるので、各論の内容を理解しやすくなります。最後にまとめで全体像をあらためて確認でき、ページ全体の理解をより深めることにつながります。

まずは例文を読んでみてください。

例文

オンライン英会話スクールは、インターネット環境さえあれば、いつでもどこでも英会話を学べます。自宅、カフェなど場所を選ばず、早朝でも深夜でも、自分の好きなときに授業を受けられます。

そのため、オンライン英会話スクールは、多くの学生や社会人に支持されています。

通学スタイルの英会話教室に比べて１レッスンあたりの料金が安いのは、教室をもたないからです。海外に住む外国人を非常勤講師として採用し、コストを抑えながらもネイティブな講師のレッスンを受けることができます。

低価格なので、マンツーマンのレッスンを何度も受けられる点もメリットです。多くのオンライン英会話では、マンツーマンのレッスンが一般的なのです。

例文を読んで、どのように感じましたか？「オンライン英会話のよい面が書かれていましたが、**最終的に何が言いたかったのかわからない**」と感じた人も多いのではないでしょうか？

例文で言いたいことを整理すると、次のようになります。

➡ 文章全体で何が言いたいのか？

「オンライン英会話スクールが、多くの学生や社会人に支持されている」ということです。

➡ その他の文の役割は？

オンライン英会話スクールが支持されている理由（「いつでもどこでも学べること」「料金が安いこと」「マンツーマンのレッスンを受けられること」）の３点が書かれています。

➡ 結論は？

「上記の３つの理由で、オンライン英会話スクールが、多くの学生や社会人に支持されている」というのが結論です。

このように整理してから文章を書くと、次のようになります。説明が足りないところも加筆しています。

総論	英語を学びたい学生や社会人に、オンライン英会話スクールが人気です。オンライン英会話とは、インターネットを使って英会話のレッスンが受講できるサービスのことです。なぜオンライン英会話スクールが人気なのか、3つの理由を説明します。
各論	1つめの理由は、いつでもどこでも学べるという点です。インターネットの環境さえあれば、自宅でもカフェでも、どこにいても授業を受けられます。早朝から深夜まで、土日も運営しているオンライン英会話スクールが多いので、スケジュール調整も自由です。 2つめの理由は、通学スタイルの英会話教室に比べて、1レッスンあたりの料金が安いという点です。教室をもたず、海外に住む外国人を非常勤講師として採用しているケースも多く、その分コストを抑えられているのです。 3つめの理由は、マンツーマンのレッスンが受けやすい点です。オンライン英会話では、マンツーマンのレッスンが一般的です。低価格でマンツーマンのレッスンを何度も受けられる点もメリットです。
結論	このような理由から、オンライン英会話スクールは、多くの学生や社会人に支持されているのです。

今度はどうでしょう？　何を言いたいのか明確になりましたね。

「総論・各論・結論」の文章構成で書くと、総論を読んだだけで文章の全体像を把握できます。総論で述べたことを各論で具体的に展開し、最後に結論で締めくくる書き方です。

文章が論理的に組み立てられているので、理解しやすく、読みやすくなります。

文章を書く前に、必ず構成を考える癖をつけましょう。文章構成の基本は「総論・各論・結論」の型です。型にあてはめて書くだけで、格段に伝わりやすく最後まですんなり読める文章になるはずです。

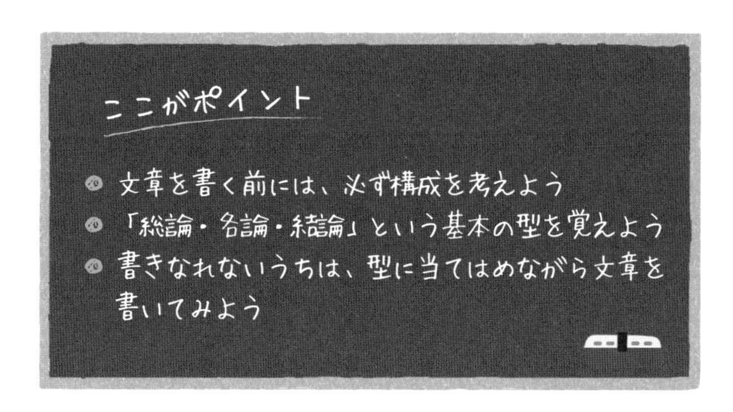

日常会話でも同じですが、「どう話を切り出すか」「どういう順番で話を展開していくか」によって、伝わるかどうかが決まります。
よいコラムを見つけたら、どんな構成になっているかを分析してみましょう。

02 見出しの役割と効果

長い文章は、見出しを入れることで読みやすくなります。ここでは「総論・各論・結論」の構成で書かれた文章に、見出しを入れてみましょう。

1 見出しで文章にメリハリを付ける

例文❶

ライティング力をアップするためには、書く経験を増やすことが大事です。ある程度ライティングの知識が身についたら、あとは実践あるのみ！ 「書く場所がない」「ライティングの仕事がない」とあきらめず、インターネットを活用して積極的に情報発信をしてみましょう。おすすめの実践場所を３つ紹介します。

１つめはブログ。「今さらブログ？」と思うかもしれませんが、もともと「日記」を意味するブログは、毎日書くには最適な場所です。日記として日々の出来事を書いたり、何かテーマを決めて書いたり、その方法は自由です。

2つめはFacebook。ブログよりもハードルが低いかもしれません。読ませる対象者を友人や知人に限定することもできます。実名で投稿する必要があるという点は、知っておきましょう。

３つめはTwitter。投稿できる文字数が少ないので、ブログやFacebookよりもさらにトライしやすいでしょう。ただ制限された文字数で書くというのは、続けてみると難しいものです。

ライティング力をアップするための実践場所として、３つを紹介しました。すでに知られている場所ですが、それぞれに特徴があるので、自分が続けやすそうな場所を選んでチャレンジしてみましょう。SNSを練習の場にすると、コメントがもらえたり反応が見られたりするので、モチベーションアップにもつながりますよ。

「総論・各論・結論」の構成で書かれたロジカルな文章です。最後までスムーズに読めて違和感がないのでは？　ただし、文章がずらりと並んでいるだけで、**単調でメリハリがありません**。長文になればなるほど読むのをためらってしまう人も多いものです。見出しを付けると、メリハリが出て読みやすく、わかりやすくなります。

例文❷

ライティング力アップの近道は「量稽古」
おすすめの実践場所３つ

ライティング力をアップするためには、書く経験を増やすことが大事です。ある程度ライティングの知識が身についたら、あとは実践あるのみ！　「書く場所がない」「ライティングの仕事がない」とあきらめず、インターネットを活用して積極的に情報発信をしてみましょう。おすすめの実践場所を３つ紹介します。

日記感覚で書いてみよう！　「ブログ」

１つめはブログ。「今さらブログ？」と思うかもしれませんが、もともと「日記」を意味するブログは、毎日書くには最適な場所です。日記として日々の出来事を書いたり、何かテーマを決めて書いたり、その方法は自由です。

実名投稿であることを意識して！　「Facebook」

２つめはFacebook。ブログよりもハードルが低いかもしれません。読ませる対象者を友人や知人に限定することもできます。実名で投稿する必要があるという点は、知っておきましょう。

少ない文字数でチャレンジ！　「Twitter」

３つめはTwitter。投稿できる文字数が少ないので、ブログやFacebookよりもさらにトライしやすいでしょう。ただ制限された文字数で書くというのは、続けてみると難しいものです。

量稽古のモチベーションアップにつながるSNS

ライティング力をアップするための実践場所として、3つを紹介しました。すでに知られている場所ですが、それぞれに特徴があるので、自分が続けやすそうな場所を選んでチャレンジしてみましょう。SNSを練習の場にすると、コメントがもらえたり反応が見られたりするので、モチベーションアップにもつながりますよ。

アイキャッチとして使う

例文❶ も 例文❷ も中身はまったく同じですが、並べてみると 例文❷ に目がいく人がほとんどでしょう。見出しには、**視線をキャッチする力**があります。

見出しに目がいくことで注目させ、見出しを読むことで何が書かれているかを判断させ、**興味をもたせるきっかけにもなるというわけです**。特に、長い文章で興味をもって先を読み進めてもらうためには、**見出しは不可欠**だと考えていいでしょう。

文章を書くことに慣れるために、次ページに掲載したテンプレートを使ってライティングしてみましょう。

ここがポイント

- 見出しを入れると、メリハリが出る
- 見出しを読むだけで、全体として何が書かれているのかを把握できる
- 見出しを見て、読みたいところだけを読むこともできる
- 長文ほど見出しは不可欠と心得よう

● 「総論・各論・結論」のテンプレート

タイトル（大見出し）		
総論		
各論1	小見出し（1）	
各論2	小見出し（2）	
各論3	小見出し（3）	
結論	小見出し（まとめ）	

03 「困っていませんか?」PASONAの構成

文章を書く前に、構成を組み立てることが大事です。ここでは、読者の気持ちを揺さぶるようなエモーショナルな構成「PASONAの法則」について説明します。

1 PASONAの法則とは？

PASONAの法則とは、経営コンサルタントの神田昌典氏が提唱した「セールスレター」の書き方です。

PはProblem（問題提起）、**A**はAgitation（あぶりたて）、**SO**はSOlution（解決策提示）、**N**はNarrow down（絞り込み）、**A**はAction（行動）を意味します。

つまり、PASONAとは、**「こんなことで困っていませんか？」という問題提起から始まる文章構成**です。

「PASONAの法則」に従って文章を書くことによって、**読者の心を揺り動かし、行動してもらいやすくなります**。それぞれの部分で、どんなことを書けばよいか、解説します。

「こんなことで
困っていませんか？」
から書き始める

P	Problem 問題提起	読者が困っていること、課題に感じていることを書く。 「こんなことで困っていませんか？」と問題提起する
A	Agitation あぶりたて	問題提起したことを、さらに具体的、詳細に書き、「そうそう、そんなことで困っている」と読者の共感を高める
SO	SOlution 問題解決	しっかりひきつけた後、ようやくここで解決策を提示。 「こんなによい商品があるんだ」「こんなによい方法があるんだ」と説得していく。 「これなら自分の困りごとを解決できる」と納得させる
N	Narrow down 絞り込み	限定感、特別感を出し「これに決めた」と感じさせる。 「本日限り」「10名限り」など限定したり、特典を付けるなども効果的
A	Action 行動	目的に合った行動につなげる

PASONAの法則をうまく活用しているのが、テレビの通販番組です。あなたも深夜の通販番組を見て、思わず購入したという経験があるのではないでしょうか。

「こんなことで困っていませんか？」と問題提起されるので、「そうそう、困っているんだよね」「すごく気になる」と反応してしまい、その後の展開に、ひきつけられてしまうような構成になっています。

「テレビの通販番組や、オンラインショッピングでほしいものを買ってみる」ということも、Webライターとしての勉強になります。どんなコピーが心に響くのかを分析したり、購入した後に届くメールを研究したりすることもできます。

例文を読んでみてください。

例文

新発売のお掃除ロボット「ピカリン」

お掃除ロボット「ピカリン」は、スイッチひとつでお部屋を掃除してくれる全自動掃除機です。出かける前にスイッチを押せば、自動的に部屋中を掃除し、終われば自動でスイッチを切って自ら充電し始めます。自宅に帰ると、ピカピカの床があなたを待ってくれているわけです。今回は新発売のお掃除ロボット「ピカリン」の主な特長を紹介します。

部屋の隅までキレイにしてくれる「ピカリン」の特長

今までお掃除ロボットを使った経験のある方300名にアンケートをして、3つの課題が見つかりました。「ピカリン」はその課題をすべて解決する新型お掃除ロボットです。旧式の円形のお掃除ロボットから、楕円形に姿を変えた「ピカリン」は、部屋の隅や狭いところのゴミも見逃しません。ブラシのパワーも旧式の2倍にアップ。どんなゴミもかき出し、勢いよく吸い込みます。電気代は1日あたりたったの0.1円。毎日使っても月々約3円です。

例文を読んで、どのように感じましたか？

お掃除ロボット「ピカリン」が新発売されたこと、「ピカリン」のいくつかの特長は伝わると思いますが、「ピカリン」がほしい、買いたい、という気持ちにはならなかったのではないでしょうか？

では、「こんなことで困っていませんか？」から始める「PASONAの法則」に当てはめて書いてみましょう。

お掃除ロボット「ピカリン」を購入してもらうために、説明が足りないところも加筆します。

P	Problem 問題提起	日々のお掃除がタイヘン！ 時間がない！ と困っていませんか？
A	Agitation あぶりたて	お掃除をサボると部屋が汚くてイライラするし、家事代行サービスを利用すると高いし…
SO	問題提起	そんなあなたには、新発売のお掃除ロボット「ピカリン」をオススメします。 新発売のお掃除ロボット「ピカリン」 スイッチひとつでお部屋を掃除してくれる全自動掃除機、お掃除ロボット「ピカリン」。出かける前にスイッチを押せば、自動的に部屋中を掃除し、終われば自動でスイッチを切って自ら充電し始めます。自宅に帰ると、ピカピカの床があなたを待ってくれているわけです。今回は新発売のお掃除ロボット「ピカリン」の主な特長を紹介します。 部屋の隅までキレイにしてくれる「ピカリン」の特長 今までお掃除ロボットを使った経験のある方300名にアンケートをして、3つの課題が見つかりました。「ピカリン」はその課題をすべて解決する新型お掃除ロボットです。旧式の円形のお掃除ロボットから、楕円形に姿を変えた「ピカリン」は、部屋の隅や狭いところのゴミも見逃しません。ブラシのパワーも旧式の2倍にアップ。どんなゴミもかき出し、勢いよく吸い込みます。電気代は1日あたりたったの0.1円。毎日使っても月々約3円です。
N	Narrow down 絞り込み	今なら期間限定50% OFF ！ お掃除ロボット「ピカリン」は、通常価格2万円のところ、今なら半額の1万円でご購入いただけます！ さらに5/20までにお申し込みいただいた方全員に、心が和む愛らしい花束をプレゼントしています。

A	Action 行動	購入するなら今ですよ！ ▼ぜひ5/20までにコチラからお申し込みください！ URL

「PASONAの法則」で書かれた文章は、どうでしょう？

例文よりも、読者の心を動かし、行動させる力のある文章に仕上がったのではないでしょうか？

文章を書くことに慣れるために、次ページのテンプレートを使ってライティングしてみましょう。

ここがポイント

- 「PASONAの法則」は、読者の心を動かし、行動させるための法則
- 「こんなことで困っていませんか」と読者のお悩み、課題から書き始めるのがコツ
- 「PASONAの法則」に沿って文章を書く練習をしよう

「PASONAの構成」のテンプレートを使って、身近なものを売るための文章を書いてみましょう。パソコン、コーヒーカップ、ボールペン、自転車、帽子…何でもOkです。いろんなものを題材にして、量稽古しましょう。

● 「PASONAの構成」のテンプレート

P	Problem 問題提起	
A	Agitation あぶりたて	
SO	SOlution 問題解決	
N	Narrow down 絞り込み	
A	Action 行動	

04 「消費者心理に沿って書く」AIDCAの構成

文章を書くときには、「どんな流れで文章全体を組み立てるか」を決めることから始めましょう。ここでは、消費者心理にもとづく「AIDCA（アイドカ）の法則」について説明します。

1 AIDCAの法則とは？

AIDCAの法則とは、消費者が購買行動するときの心理的な過程を表した消費者行動分析モデルです。

AはAttention（注目）、**I**はInterest（興味）、**D**はDesire（欲求）、**C**はConviction（確信）、**A**はAction（行動）を意味します。

「PASONAの法則」と同様、「AIDCAの法則」も**読者の心を揺り動かす構成**です。

「AIDCAの法則」に従って文章を書くことによって、読者の心を揺り動かし、行動してもらいやすくなります。

それぞれの部分で、どんなことを書けばよいかを解説します。

A	Attention 注目	商品から得られるよい点や効果（ベネフィット）を書くなどして、読者に注目させる
I	Interest 興味	商品やサービスのよさを伝え、さらに興味をもたせる
D	Desire 欲求	商品について具体的な説明を書いて、「この商品はいい」「ほしい」と強く思わせる
C	Conviction 確信	お客様の声や第三者の評価、客観的なデータなどを提示することで購入に対する不安を取り除き、「自分の選択は間違っていない」と確信させる
A	Action 行動	目的に合った行動につなげる

AIDCAの法則を活用している広告は普段から目にすることが多いと思います。最近は、自分が検索した情報などから「あなたにとって価値のある情報」や「興味をもつであろう情報」などをウェブ広告として表示させる仕組みもあるので、目にする機会はより多いかもしれません。

たくさんの商品、たくさんの情報であふれる毎日。単なる商品説明ではスルーされてしまいますが、「あなたにとってこんなメリットがありますよ」「この商品を購入することによって、こんなベネフィットを得られますよ」という書き出しをすることによって、読者の注目を集められます。

「PASONAの法則」で使った例文を、AIDCAの法則に当てはめるとどうなるか、考えていきましょう。

例文

新発売のお掃除ロボット「ピカリン」

お掃除ロボット「ピカリン」は、スイッチひとつでお部屋を掃除してくれる全自動掃除機です。出かける前にスイッチを押せば、自動的に部屋中を掃除し、終われば自動でスイッチを切って自ら充電し始めます。自宅に帰ると、ピカピカの床があなたを待ってくれているわけです。今回は新発売のお掃除ロボット「ピカリン」の主な特長を紹介します。

部屋の隅までキレイにしてくれる「ピカリン」の特長

今までお掃除ロボットを使った経験のある方300名にアンケートをして、3つの課題が見つかりました。「ピカリン」はその課題をすべて解決する新型お掃除ロボットです。旧式の円形のお掃除ロボットから、楕円形に姿を変えた「ピカリン」は、部屋の隅や狭いところのゴミも見逃しません。ブラシのパワーも旧式の2倍にアップ。どんなゴミもかき出し、勢いよく吸い込みます。電気代は1日あたりたったの0.1円。毎日使っても月々約3円です。

「PASONAの法則」では、「こんなことで困っていませんか？」から書き始めました。「AIDCAの法則」では、読者にとってのメリット、ベネフィットから書き始めます。

読者を「30代、子どものいる夫婦」と想定して、修正と加筆をしてみましょう。

A	Attention 注目	家族との時間が増えたと答えた人は、なんと約8割 「ラク家事」で家族との時間を増やそう！
I	Interest 興味	家族との時間は大切にしたいけれど、掃除、洗濯、料理…やらなければいけない家事は、毎日たくさんありますよね。「ひとつでも楽にできれば…」と思ったら、お掃除ロボット「ピカリン」をご検討ください。 アンケートによると、「お掃除ロボットを購入してから、家族と過ごす時間が増えた」と回答した人が、79%。 お掃除ロボットは家事をラクにするだけでなく、家族の幸せな時間を運んでくれる存在なのかもしれませんね。
D	Desire 欲求	新発売のお掃除ロボット「ピカリン」 お掃除ロボット「ピカリン」は、スイッチひとつでお部屋を掃除してくれる全自動掃除機です。出かける前にスイッチを押せば、自動的に部屋中を掃除し、終われば自動でスイッチを切って自ら充電し始めます。自宅に帰ると、ピカピカの床があなたを待ってくれているわけです。今回は新発売のお掃除ロボット「ピカリン」の主な特長を紹介します。 部屋の隅までキレイにしてくれる「ピカリン」の特長 今までお掃除ロボットを使った経験のある方300名にアンケートをして、3つの課題が見つかりました。「ピカリン」はその課題をすべて解決する新型お掃除ロボットです。旧式の円形のお掃除ロボットから、楕円形に姿を変えた「ピカリン」は、部屋の隅や狭いところのゴミも見逃しません。ブラシのパワーも旧式の2倍にアップ。どんなゴミもかき出し、勢いよく吸い込みます。電気代は1日あたりたったの0.1円。毎日使っても月々約3円です。

C	Conviction 確信	アンケートによると「家族と過ごす時間が増えた(79%)」の他にも「家事全体が楽になった(96%)」「家が毎日キレイ(93%)」「家族が仲良くなった(81%)」など驚きの数字がたくさん。 実は今、がんばるママ・パパ応援企画として、12月末までにお申し込みいただいた方を対象に50%OFFで提供中。この機会をお見逃しなく！
A	Action 行動	がんばるママ・パパ応援企画！ 今ここから申し込むとなんと50% OFF ！ ▼ぜひ12月末までにコチラからお申し込みください！ URL

「AIDCAの法則」で書かれた文章は、いかがでしたか。

「私もそんなふうになりたい！」と思わせる、説得力のある文章になりましたね。

「AIDCAの法則」で書いた文章と、「PASONAの法則」で書いた文章。どちらも読み手の心理にうまくアプローチできる書き方です。

AIDCAはベネフィットからアプローチする「ポジティブアプローチ」、PASONAは悩みごとや困りごとからアプローチする「ネガティブアプローチ」と呼ぶこともあります。商品・サービスの性質や、ターゲットに合わせて、法則をうまく使い分けましょう。

文章を書くことに慣れるために、テンプレートを使ってライティングしてみましょう。

● 「AIDCA の構成」のテンプレート

A	Attention 注目	
I	Interest 興味	
D	Desire 欲求	
C	Conviction 確信	
A	Action 行動	

ここがポイント

- 「AIDCAの法則」は、消費者が購買行動するときの心理的な過程をとらえている
- 読者のメリット、ベネフィットから書き始めるのがコツ
- 「AIDCAの法則」に沿って文章を書く練習をしよう

4時限目では「総論・各論・結論」「PASONAの法則」「AIDCAの法則」という3つの構成について説明しました。案件によって、クライアントからのオーダーによって、さまざまな構成で書く機会があると思います。
構成を考えることは、全体の流れを確認するだけでなく、内容に抜け漏れがないかをチェックするという意味でも重要です。

5時限目 キャッチコピーを極める

「キャッチコピーは苦手」と思っていませんか？
ライティングと同様に、キャッチコピーにもコツがあります。
難しく考えずに、チャレンジしてみましょう。

01 問いかける

文章を質問形式に変えるだけで、キャッチコピーを作ることができます。肯定文を問いかけに変えるだけで大丈夫。「問いかけられると答えたくなる」という人間の脳の仕組みを利用しています。

1 問いかけが、なぜキャッチコピーになるの？

比べてみよう！

次の例文を読んでください。Ⓐとⓑ、どちらがキャッチコピーとして、あなたの心に響きますか？

Ⓐ 小学生のとき、好きだった科目
Ⓑ 小学生のとき、好きだった科目は何ですか？

Ⓐ 初めてお酒を飲んだとき
Ⓑ 初めてお酒を飲んだときのこと、覚えていますか？

おそらく、Ⓑを選んだ人が多いのではないでしょうか。Ⓑは「問いかけのキャッチコピー」になっています。

Ⓐの文を読んでも、特に「ひっかかり」がなく、読み流してしまうでしょう。「ひっかかり」のない文、単調な文は、読者にスルーされてしまいます。

Ⓑのように「小学生のとき、好きだった科目は何ですか？」「初めてお酒を飲んだときのこと、覚えていますか？」と問いかけられると、

「好きだった科目は、国語かな？」「初めてのお酒は、20歳の誕生日に飲んだビール！　あんまりおいしいと思わなかったなぁ〜」などと、**読者は、答えを考え始めます**。

問いかけることで、読者を立ち止まらせることができるのです。

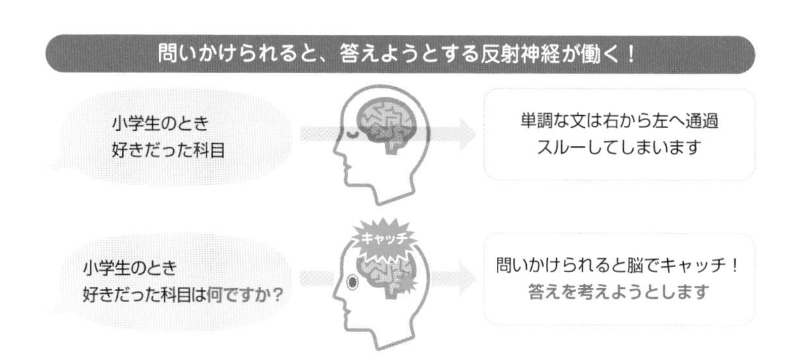

人は問いかけられると、**その答えを考えようとする反射神経が備わっている**といわれています。

問いかけることで、**「読者に一瞬考えさせ、立ち止まらせる」**

これが、問いかけのキャッチコピーの力です。

肯定文を問いかけに変えるだけで完成なので、とても簡単ですね。

いいキャッチコピーが思いつかないときは、「問いかけ」型に変えることから始めてみるとよいでしょう。

レッツ・チャレンジ！

問いかけを使ってみよう

練習問題

次の文章を「問いかけ」にしてみましょう。

Ⓐ卒業式の思い出
Ⓑ昨日食べた物
Ⓒ夏の紫外線に負けない日焼け対策
Ⓓ１年で業績が右肩上がりした会社の秘密
Ⓔ材料３つでできる、チョコレートケーキの作り方

解答例

Ⓐ卒業式の思い出は？
Ⓑ昨日食べた物、覚えていますか？
Ⓒ夏の紫外線に負けない日焼け対策とは？
Ⓓ１年で業績が右肩上がりした会社の秘密、知りたくありませんか？
Ⓔ材料３つでチョコレートケーキが作れるってホント？

解説

解答例は、あくまでも一例です。問いかけの形になっていれば、大丈夫です。

Ⓐのように「〜は？」を付け加えるだけでも、問いかけになります。「覚えていますか？」「〜ってホント？」と入れるのも、問いかけです。

いろいろな「問いかけの言い回し」があると思います。**「どんなふうに問いかけたら、読者は答えたくなるだろう？」**と考えて、問いかけのキャッチコピーを作ってみてください。

ここがポイント！

- 問いかけると人は反射的に答えを考えようとする
- どんな文章も「問いかけ」型に変えることができる
- いいキャッチコピーが浮かばないときは、質問型に変えてみよう

問いかけることによって、読者との双方向性が生まれます。一方的な説明ではなく、対話をしているような雰囲気を出せるのです。
問いかけは、本文中で使っても効果的です。読者をひき込みながら、最後まで読ませる文章を書きたいですね。

02 ターゲットを絞って呼びかける

ターゲットを決めて「呼びかける」ことで、キャッチコピーが作れます。単調な文の先頭に、呼びかけたい相手を入れるだけです。多くの人に振り向いてほしいからと、ターゲットを絞らないと、誰にも振り向いてもらえません。

1 ターゲットを絞ると、なぜキャッチコピーになるの？

比べてみよう！

次の例文を読んでください。Ⓐと Ⓑのどちらがキャッチコピーとして、あなたの心に響きますか？　ターゲットが明確なのはどちらだろうか、という視点で考えてみてください。

Ⓐ マンドリン部　新入部員募集中
Ⓑ 初心者の人集まれ！　マンドリン部　新入部員募集中

Ⓐ 熱中症対策にこのドリンクを
Ⓑ 高齢者は要注意！　熱中症対策にこのドリンクを

心に響いたのは、Ⓑと感じた人が多いのではないでしょうか。

「マンドリン部　新入部員募集中」だけでは「そうですか」と多くの人がスルーしてしまいます。ところが先頭に「初心者の人」と書かれていると、「初心者？　私も初心者ですが…」と**「自分ごと」にとらえてもらいやすくなります**。

Ⓑも同様です。「熱中症対策」だけでは自分ごとに感じませんが、「高齢者」にターゲットを絞った途端に、高齢者や高齢の人が身近にいる人などの視線をとらえるキャッチコピーになります。

誰かに呼びかけられて、思わず振り向いたという経験があるでしょう。例えば、人ごみを想像してみてください。「おーい」と呼ばれるよりも「お姉さん」「そこのお兄さん」などと呼ばれたときに「自分のこと？」と感じて足を止めてしまいます。

つまり単純に呼びかければキャッチコピーになるわけではなく、**ターゲットを絞った呼びかけが、相手の心をひきつける**というわけです。

2　ターゲットを「狭く設定」して呼びかけよう！

ターゲットを絞るといいましたが、キャッチコピーを考えるときは、できるだけ**「ターゲットを狭く」設定**したほうが効果的です。

多くの人に手に取ってほしいという気持ちから、例えば女性向け、シニア向けなどと「広めのターゲット設定」をしてしまいがちですが、思い切って「狭く」設定するチャレンジもしてみてください。

みんなに呼びかけても伝わらない！

例）最新の消毒液を紹介したいとき

ターゲット＝【できるだけ多くの人】
- スプレーするだけ！　最新消毒液新発売
- 新発売！　最新消毒液でいつも清潔に

✓ ターゲットを明確にしないで、できるだけ多くの人に伝えたいと思って文章を書いてしまうと、結局誰にも伝わらない文になってしまう

ターゲットを絞って呼びかけると？

例）最新の消毒液を紹介したいとき

ターゲット＝【0歳の赤ちゃんがいるママ】
- お手軽スプレータイプ！家族を守る最新消毒液
- 赤ちゃんを抱いたままでもシュッとできます
- わが子は私が守る！最新消毒液でバッチリ除菌

ターゲット＝【飲食店の店長さん】
- 殺菌力アップ＆食品でも安全な最新消毒液
- 安全なお店作りに欠かせない！最新の消毒液
- お店の消毒はこれ１本！スプレータイプの最新消毒液

✓ ターゲットを明確にすると、**伝えるべき情報が決まる**
✓ ターゲットに対して、必要な情報がしっかり伝わる＝キャッチーになる

ターゲットを狭く設定できると、紹介する商品の**「どの機能を打ち出すべきか」も変わってきます**。

「消毒液」を紹介する場合でも、「0歳の赤ちゃんがいるママ」をターゲットにすると「お手軽スプレータイプ」という手軽さを打ち出すことによって、ママの視線を集められるでしょう。

一方、「飲食店の店長さん」がターゲットの場合は「お手軽スプレータイプ」であることよりも、殺菌力の強さや安全性を打ち出したほうが効果的です。

ターゲットは必要な情報、**自分ごとの（自分に関連している）情報だけを受け取りたい**と考えています。言い換えると、人は**自分にとって不要な情報は受けとりたくない**ものです。

ターゲットを「狭く設定」してあげることで、ターゲットに対してより印象的に、強く伝わるのです。その結果として、商品の売り上げなどにも影響が出ます。

レッツ・チャレンジ！

ターゲットを絞って、呼びかけてみよう

練習問題

「ダイエットのためのエクササイズ」をテーマに、キャッチコピーを考えてみましょう。

例文

ダイエットのためのエクササイズ始めました

上記の例文は、「ダイエットに興味、関心がある人」という「幅広いターゲット」に向けたコピーです。

ダイエットしたい人全般に呼びかけているので、キャッチコピーとしては効果が薄いです。以下のとおりターゲットを絞りますので、どう呼びかけたらいいか考えてみてください。

Ⓐ 産後太りで悩む女性
Ⓑ 健康診断でメタボといわれた45歳の男性
Ⓒ 更年期を迎え、何をしても痩せないと悩む女性

・ターゲットはどんな状況にあるのか？
・どんな気持ちでいるのか？
・何を言われたら、ドキッとするのか？

上記をできるだけ具体的に想像してみましょう。
キャッチコピーのヒントが浮かびますよ。

解答例

Ⓐ産後太り解消！　ダイエットのためのエクササイズ始めました
Ⓐ赤ちゃんと簡単エクササイズ！　1日15分で産後太りを解消したママ続出です！

Ⓑ健康診断でメタボ判定が出たらこのエクササイズから始めよう
Ⓑメタボ体型をほうっておくと生活習慣病まっしぐら!?　今やるべきダイエット教えます

Ⓒ更年期かなと思ったら…。始めよう簡単エクササイズ
Ⓒ更年期太りが痩せにくいなんてウソ！　やり方を変えればあなたも痩せられる！

解説

ダイエットしたい人はたくさんいると思いますが、それぞれなぜダイエットをしたいのか、なぜ困っているのか理由は違います。ターゲットを絞って呼びかけることで、具体的なキャッチコピーになりました。

Ⓐは、産後太りで悩むママ。「産後太り解消」と入れることによって、「産後の人」を振り向かせる効果があります。

また、痩せたい気持ちはあるけれど、赤ちゃんのお世話もあるし、ダイエットばかりに時間は割けない…と思っているママも多いはずです。そんなターゲットの気持ちに寄り添うように「赤ちゃんと簡単エクササイズ」という言葉を使い、赤ちゃんをあやしながらできる、しかも1日15分なら私にもできそう！　と気持ちをグッとつかむことができるキャッチコピーも作れます。

Ⓑは、「健康診断でメタボ判定が出た人」に対して呼びかけています。

「生活習慣病」と書き入れることによって、「メタボ体型をほうっておくと生活習慣病になってしまう」という危険性を知らせ、視線を止めてもらおうとしているキャッチコピーです。

Ⓒは、「更年期かな」と不安に感じ始めた女性をターゲットにしたコピーです。

「何をしても痩せない」と諦めかけた更年期女性にとって、「更年期太りが痩せにくいなんてウソ！」と強めの言葉を入れました。

それぞれターゲット以外には振り向いてもらえないかもしれませんが、「ダイエットのためのエクササイズ始めました」という漠然とした言葉よりも、ターゲットにささる言葉に変換されています。

「できるだけターゲットを狭く絞る」ことによって、ターゲットに対して「強く響く」キャッチコピーを作りましょう。

ここがポイント！

- ターゲットを絞って呼びかけると、キャッチコピーになる
- ターゲットはなるべく狭く絞り込もう
- ターゲットを狭く絞り込むと、伝えるべきメッセージが変わる

03 数字を入れる

数字を入れることによって、読者の目をひくことができます。「たくさんのお客様」と書くよりも「全国6,000名のお客様」のように、数字を入れてみましょう。

1 数字を入れると、なぜキャッチコピーになるの？

比べてみよう！

次の例文を読んでください。Ⓐと Ⓑ、どちらがキャッチコピーとしてあなたの心に響きますか？

Ⓐ たくさん売れたABC洗剤
Ⓑ 販売総数1億個のABC洗剤

Ⓐ お店の売り上げが上がる方法教えます
Ⓑ お店の売り上げが上がる3つの方法教えます

どちらも、数字が入っているⒷのほうが心に響いたのではないでしょうか。

キャッチコピーは具体的であればあるほど、人の心をひきつけることができます。その具体性を増す役割を果たすのが「数字」です。

例えば、「昨日はお客様が少なかったが、今日は多かった」という文よりも、「昨日はお客様が35人だったが、今日は100人を超えた」の文のほうが具体的です。

本書の3時限目「ライティングのテクニック（実践編）～伝わりやすく書く～」のところでも「数字を入れて具体的に書く」ことを説明しましたが、数字は、キャッチコピーにも効果的です。

また、Ⓐと Ⓑの2つのキャッチコピーを見比べたとき、「数字の部分に目がとまった」と感じた人もいるでしょう。文字が並んだ中に数字があると、数字が**記号のような役割となり、視線を止める効果が出ます。**キャッチコピーに数字を入れられる場合には、積極的に使うといいでしょう。

レッツ・チャレンジ！

数字を入れて、キャッチコピーを作ってみよう

練習問題

「京都女子旅のご案内」という見出しのついた文章があります。

この見出しでは魅力が伝わりにくいので、キャッチコピーにふさわしくなるように言葉を変換してください。また、説明文の中にある数字は必ず使うようにしてください。

京都女子旅のご案内

今回紹介する人気の旅行プランは、京都女子旅。京都には名所がたくさんありますが、今回紹介するのは３つの最新スポット。インスタ映えスイーツや、土日のみ営業のパン屋さん、大学生がプロデュースした屋台村はどれも大人気。お泊まりは、2020年夏オープン予定の小学校跡地に建てられたホテル。築100年の歴史を誇る校舎を活用した客室で古都の歴史を感じてください。

解答例

Ⓐ 3つの最新スポットを巡る京都女子旅！

Ⓑ 2020年夏オープン予定！　話題の最新ホテルに泊まる京都女子旅！

Ⓒ 築100年の校舎を活用した古都のホテル？　京都女子旅で最新スポットを巡ろう！

解説

本文中に書かれていた「3つ」「2020年」「築100年」を入れたキャッチコピーを作ってみました。それぞれ数字が入ることで「目にとまる」キャッチコピーになっています。数字が入ったキャッチコピーができていれば、正解です！

もう少し解説をします。それぞれ、数字のないキャッチコピーだったらどうなるでしょう…。

見比べてみましょう。

Ⓐ-1 3つの最新スポットを巡る京都女子旅！

Ⓐ-2 最新スポットを巡る京都女子旅！

「3つ」という具体的な数字が入っているほうが、目をひきますね。「この3つを見てみたい」と思わせる効果も期待できます。ただ「最新スポットを巡る」といわれるよりも、興味をひかれたのではないでしょうか。

Ⓑ-1 2020年夏オープン予定！　話題の最新ホテルに泊まる京都女子旅！

Ⓑ-2 今夏オープン予定！　話題の最新ホテルに泊まる京都女子旅！

「今夏」も「2020年」も内容としては同じです。場合によっては「今年」を強調させるために「今夏」のほうがキャッチコピーとして採用される場合もあるでしょう。しかし、数字が入ることで「目にとまる」という意味では、Ⓑ-❶のキャッチコピーが有効です。

Ⓒ-❶ 築100年の校舎を活用した古都のホテル？　京都女子旅で最新スポットを巡ろう！
Ⓒ-❷ 古い校舎を活用した古都のホテル？　京都女子旅で最新スポットを巡ろう！

「古い校舎」という表現だけでは、10年前なのか20年前なのか、わかりません。「100年」といわれれば、ただ古いだけでなくレトロな雰囲気もイメージできますね。

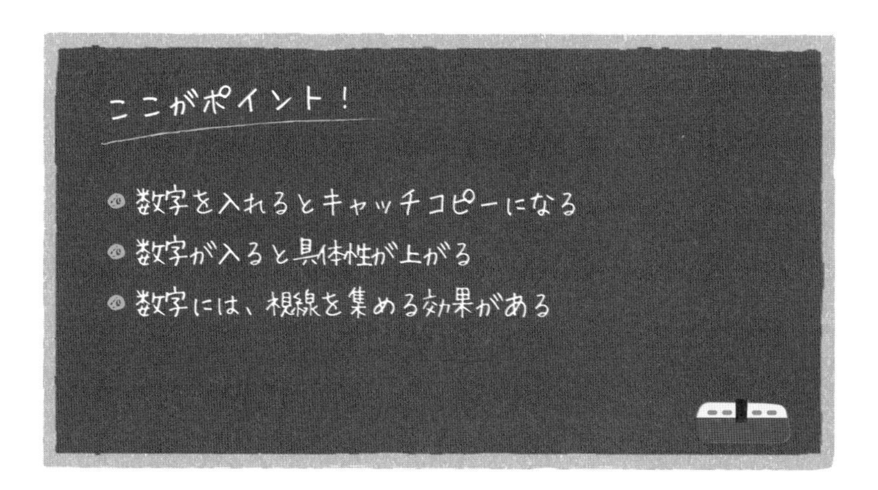

04 チラ見せする

チラ見せとは、すべての情報を見せるのではなく、情報の一部を隠すことによって「隠れているところを見たい」「もっと知りたい」「その先が気になる」という興味・関心を誘い出す方法です。

1　チラ見せすると、なぜキャッチコピーになるの？

比べてみよう！

次の例文を読んでください。Ⓐと Ⓑ、どちらがキャッチコピーとしてあなたの心に響きますか？

「チラ見せ」しているのはどちらかという視点で選んでみましょう。

Ⓐ たった30分のレッスンでゴルフのスコアがアップする方法
Ⓑ たった○分のレッスンでゴルフのスコアがアップする方法

Ⓐ プレママ必見！　今しかできない胎教
Ⓑ プレママ必見！　今しかできない…

どちらも興味をそそるキャッチコピーかもしれませんが、チラ見せ効果のあるキャッチコピーは、Ⓑです。

上の例では、「○分」の部分が伏せ字になっています。下の例では「…」の部分を隠して、読む側の「その先を知りたい」という気持ちを誘っています。

チラ見せで一部を隠されると、全体像を知りたくなる！

たった○分のレッスンで
カラオケ上手になる方法

プレママ必見！
今しかできない…

「チラ見せ」で一部分が隠れていると、隠れている部分が気になります。隠れている部分を知り、**「全体を把握したい」**という気持ちから、読者は次の行動へと進んでいくのです。

一度キャッチコピーを作ってみて、これだけではちょっと読者の興味をひかないかも？　と思ったときには、言葉の一部を「○○」に変えるなどして、チラ見せのキャッチコピーを試してみましょう。

「なんだ、簡単！」と思ったかもしれませんが、実は大きな落とし穴もある方法です。

2 「チラ見せ」が多すぎるのは、逆効果！

例文を読んでください。Ⓐ～Ⓔのうち、「チラ見せのキャッチコピー」としてどれが効果的だと思いますか？

Ⓐもう歌下手とはいわせない！　たった1分のレッスンでカラオケ上手になる方法とは？
Ⓑもう歌下手とはいわせない！　たった○分のレッスンでカラオケ上手になる方法とは？
Ⓒもう○○○とはいわせない！　たった1分のレッスンでカラオケ上手になる方法とは？

Ⓓもう歌下手とはいわせない！　たった1分の○○○○でカラオケ上手になる方法とは？
Ⓔもう○○○とはいわせない！　たった○分のレッスンで○○○○上手になる方法とは？

チラ見せのキャッチコピーでは、**「どこを隠すか」と「どのくらい隠すか」が重要です。**

Ⓐの文章をベースに考えて、1カ所だけ伏せ字にした例がⒷⒸⒹです。
Ⓑは、「たった○分って、どのくらい？」と、時間をかけずに「カラオケ上手」になりたい人にとって、効果的です。
Ⓒは、カラオケ上手になる簡単な方法を知りたいけれど、「○○○とはいわせないって何だろう？」と単純に興味をひくことができるかもしれません。
Ⓓは、歌下手を克服するために「たった1分、なにをがんばればいいのか？」が気になるでしょう。それぞれ、チラ見せ効果で興味をひくことができています。

ところが、Ⓔはどうでしょう？　伏せ字が3カ所もあると、伏せ字ばかりで、誰に何を伝えたいコピーなのかまったくわからなくなってしまいましたね。

チラ見せのキャッチコピーを作るときは、**伏せ字を使うのは1カ所だけ**に絞りましょう。どこを伏せ字にするかよく考えることが、効果的なキャッチコピーを作るコツです。

レッツ・チャレンジ！

チラ見せのキャッチコピーを作ってみよう

練習問題

次のキャッチコピーを「チラ見せ」のキャッチコピーに変換してください。

Ⓐ売り上げが3倍アップするスマホアプリ活用術
Ⓑ固定資産税がかかるだけ？　田舎に放置している空き家10万円で引き取ります！
Ⓒマラソンを完走するコツはトレーニングだけじゃない！　3つのアイテムとは？

解答例

Ⓐ売り上げが3倍アップするスマホ○○○活用術
Ⓑ固定資産税がかかるだけ？　田舎に放置している空き家○万円で引き取ります！
Ⓒマラソンを完走するコツはトレーニングだけじゃない！　3つの○○とは？

解説

Ⓐの場合は、「スマホアプリの活用術」でも興味をひくと思いますが、「スマホ○○○」とすることで、「スマホを活用することはわかるけれど、○○○って何だろう、知りたい！」と思わせる効果が生まれます。

Ⓑの場合は、「たとえ少額でもお金になるなら、売却を考えてみようかな…」と空き家問題で悩む人には効果的かもしれません。「10万円」でも「おぉ～」と思われるかもしれませんが、伏せ字にしておくことで、「1万円？　100万円？」と興味をひくことができます。

Ⓒの場合は、「アイテム」を隠すことで、「トレーニング以外に何があるの？　メンタル的なこと？」と興味をもたせることができます。

ここがポイント！

- チラ見せすれば、興味をひくキャッチコピーができる
- ただしチラ見せを多用すると、何も伝わらないキャッチコピーになってしまう
- チラ見せは1か所だけ。どこを隠すと効果的なのかを考えよう

キャッチコピーの作り方はいろいろあります。
一案だけ作るのではなく、複数のキャッチコピーを案として作り、どのキャッチコピーを採用するか、クライアントと議論できるといいですね。

05 トレンドの言葉を使う

トレンドとは、流行や、はやりという意味があります。トレンドの言葉を使うと、注目を集めるキャッチコピーが作れます。

1 トレンドの言葉を使うと、なぜキャッチコピーになるの？

比べてみよう！

次の例文を読んでください。Ⓐ～Ⓔのうち、どれがキャッチコピーとしてあなたの心に響くか比較してみましょう。

2020年、新型コロナ感染症が世界的に流行し、「STAY HOME」「巣ごもり」などの言葉が、トレンドワードとなりました。2020年のトレンドワードに注目して、よいキャッチコピーを見極めてください。

Ⓐ STAY HOMEの今だから！　家中ピカピカにしませんか？
Ⓑ 巣ごもりだって楽しい！　おうちキャンプを楽しむ人急増中！
Ⓒ 家にいながら日本一周！　お取り寄せでグルメ旅しませんか？
Ⓓ おっはー！　朝の元気はこの一杯から
Ⓔ ジコチューだっていいじゃない？　それが世界を変えるかも！

Ⓐ～Ⓒは、上記のとおり2020年のトレンドの言葉を使ったキャッチコピーです。ⒹとⒺは2000年の新語・流行語大賞から言葉をピックアップし、キャッチコピーを作ってみました。どのように感じましたか？

2020年と2000年では、20年の差がありますので、Ⓓと Ⓔのキャッチコピーには古さを感じる人も多いでしょう。若い世代には「おっはー」や「ジコチュー」という言葉は、通じない可能性もあります。

これらの例文からわかるように、**トレンドの言葉はタイミングよく使えばキャッチコピーとして使えます**。逆に、時期がずれるなどタイミングが悪いと、ターゲットに**「もう古いな…」と感じさせてしまう**ので要注意です。

キャッチコピーを考える時期と、サイトにアップロードされる時期にずれがある場合なども考慮し、言葉を選ぶ必要があります。

2 トレンドの言葉を使うときは、ターゲット選びを慎重に！

トレンドの言葉を使うときは、**「誰に向けたコピーなのか」**を考慮しましょう。例えば「ぴえん」は2019年、女子中高生がよく使うトレンドワードでした。

比べてみよう！

女子高生向けのキャッチコピーとして、読んでみてください。

ぴえん！　これ知らなきゃヤバイかも？

次は、50代／男性／会社員になったつもりで読んでみてください。

ぴえん！　通勤電車の困った話

泣いている様子を表すスラング「ぴえん」は、タイミングがあえば女子高生にはささるキャッチコピーになるかもしれませんが、50代／男性／会社員向けのキャッチコピーとしては、違和感があります。

トレンドの言葉は、ターゲットを間違えると、残念なキャッチコピーになってしまいます。

ぴえん！
これ知らなきゃヤバイかも？

ぴえん！
通勤電車の困った話

いくら女子中高生の間で流行っているからといって、50代の男性向けのキャッチコピーとして用いるのは、無理があります。

ターゲットはその言葉を知っているのか？　このワードの使い方は間違っていないのか？　そうしたことも考慮する必要があります。

レッツ・チャレンジ！

トレンドの言葉を使ってみよう

練習問題

2019年の流行語年間大賞は「ONE TEAM」でした。
トップ10の新語、流行語は以下のとおりです。

> **「計画運休」「軽減税率」「スマイリングシンデレラ／しぶこ」「タピる」「＃KuToo」「〇〇ペイ」「免許返納」「闇営業」「令和」「後悔などあろうはずがありません」**

出典：ユーキャン新語・流行語大賞　https://www.jiyu.co.jp/singo/

ではそれぞれ、以下のターゲットに向けて前ページの10のワードの中から1つを選び、キャッチコピーを作ってみてください。

Ⓐ～Ⓒのターゲットに、どのトレンドワードを組み合わせるかによって、さまざまなキャッチコピーが作れると思います。

Ⓐ **20代の女性**
Ⓑ **40代の男性**
Ⓒ **70代の男性**

※**練習問題**では、ターゲットの年代と性別だけを指定しています。問題に取り組むときは、さらに自分自身でターゲットをより具体的にイメージして考えてみてください。

解答例

Ⓐ **家でもタピろう！　業務スーパーでも注目の冷凍タピオカが超優秀！**
Ⓑ **「後悔などあろうはずがありません」引退時、そんな言葉を言える男でいたい**
Ⓒ **今が「免許返納」決断のとき！　まだ大丈夫が大きな後悔につながるかも!?**

解説

解答例は、あくまでも一例です。さまざまな題材のキャッチコピーが作れたのではないでしょうか？

キャッチコピーを作るときは、ターゲットを絞り1人の人に呼びかけるつもりで作ると効果的です。

例えば、Ⓐの場合は、「**タピオカのお店に並ぶのはちょっと抵抗を感じる、20代後半の働く女性**」をターゲットとしました。

同じ20代の女性でも、「『お店に並ぶのも楽しいし、お家でもインスタ映えするタピオカドリンクを作りたい！』と思っている20代の大学生」なら、また違うキャッチコピーが思い浮かびますね。

Ⓑの場合は、「**スポーツが好きで、イチローを尊敬している40代の働く男性**」をターゲットとしました。

野球の超一流選手であったイチロー氏の引退時の言葉を選ぶことで、よりターゲットに響くキャッチコピーが作れました。

Ⓒの場合は、「**運転に少し不安を感じ始めた、70代前半の男性**」をターゲットとしました。

そのため、ストレートに「免許返納」を選びましたが、他のワードを使っても作れそうです。例えば、「『生涯の運転歴、後悔などあろうはずがありません』と言いたいから、今卒業します」というのも作れそうですね。

ターゲットに合わせたワードもいろいろ選べるので、工夫してみましょう。

ここがポイント！

- トレンドの言葉を入れるとキャッチコピーを作りやすい
- ターゲットに合った言葉か、しっかり検討しよう
- 「タイミングがずれていないか」「時代遅れではないか」もチェックしよう

06 ハッピーを描く

インターネットで検索している人は、何らかの欲求をもっています。その人に向けて「あなたはこうすれば、ハッピーになれますよ」「これを買えば、ハッピーになれますよ」とイメージさせることができれば、それはキャッチコピーになります。

1 ハッピーを描くと、なぜキャッチコピーになるの？

比べてみよう！

次の例文を読んでください。Ⓐ とⒷ、どちらがキャッチコピーとしてあなたの心に響きますか？

Ⓐ 書きやすいシャープペン
Ⓑ 試験バッチリ！　勉強がはかどるシャープペン

Ⓐ 新型サロン級ドライヤー
Ⓑ 優雅な朝時間を過ごそう！　サロン級ドライヤーでスタイリングを超時短

同じ製品をアピールするキャッチコピーですが、Ⓑは「これを使うとどうなるか」をイメージさせています。Ⓑのほうが、より心に残るキャッチコピーだと思いませんか？

シャープペンの例では、「シャープペンはどれも同じ」「書きやすくて当然」と思っている人に対して「このシャープペンを使うと勉強がはかどる、成績も上がるのか？」と期待させるキャッチコピーです。

ドライヤーの例では「このドライヤーを買うと、優雅な朝を過ごせるようになるのか」というワクワク感が生まれます。

インターネットで何かを探している人（検索している人）は、何らかの強い欲求をもっています。「○○がほしい」と具体的なイメージがある人もいれば、「もっとこんなふうになりたい」「ハッピーになりたい」という気持ちをもっている人もいます。

「もっとこんなふうだったらな」と考えている人に対しては、具体的な商品の機能などを語りかけるより「これで、こんなふうにハッピーになれるよ」と**未来の姿、シーンをイメージさせるほうが効果的**です。

2　プラスの欲求には「ハッピーを描く」と効果的！

インターネットで検索している人には、2つの強い欲求があります。それは、「プラスの欲求」と「マイナスの欲求」です。

強い欲求には2つのパターン

タイプA

ハッピーになりたい
誰かをハッピーにしたい

本書では「プラスの欲求」と呼びます

タイプB

悩みを解決したい
痛みや苦しみから解放されたい

本書では「マイナスの欲求」と呼びます

「プラスの欲求」をもつ人へのアピール

ハッピーになりたい
誰かをハッピーにしたい

キャッチコピーを
通じて、気持ちを
さらに高める

確かに自分の未来が明るくなりそう！
よりハッピーになれそう！

「プラスの欲求」をもっている人には、この「ハッピーを描く」キャッチコピーが適しています。

ハッピーを描くキャッチコピーで、**「もっとこうなりたい」「こんなふうになれたら幸せだろう」**というプラスの欲求を高めてあげるといいでしょう。

レッツ・チャレンジ！

「ハッピーを描くキャッチコピー」を作ってみよう

練習問題

次のキャッチコピーを「ハッピーを描くコピー」に変えてください。

Ⓐ夏の紫外線に負けない日焼け対策
Ⓑ１年で業績が右肩上がりした会社の秘密
Ⓒ材料３つでできる、チョコレートケーキの作り方

解答例

Ⓐ夏が終わっても色白美人！ 紫外線に負けない日焼け対策とは？
Ⓑあなたの会社の未来が変わる！ １年で業績が右肩上がりした会社の秘密大公開
Ⓒおやつを手作りするステキママになろう！ 材料3つの簡単チョコレートケーキ

解説

難しいチャレンジだったかもしれませんが、どんなキャッチコピーを作ることができましたか？

解答は一例ですので、ハッピーが描けていればOKです。

「ハッピーを描く」ために必要なのは、ターゲットがどんなハッピーを求めているかを想像することです。強いプラスの欲求をもっている人に対して、どんなステキな未来を描いてあげれば共感してもらえるのか？　という点をしっかり考えましょう。

どのキャッチコピーの作り方にも共通している「**ターゲットをしっかりイメージする**」ことも、もちろん必要です。

Ⓐの場合、この日焼け対策をすることで「色白美人になれる」というハッピーを描いています。日焼けを気にする女性は多いうえに、色白に憧れる人も多いですから、効果的ですね。

Ⓑの場合、業績が上がらず悩んでいる会社員や会社社長に響くキャッチコピーです。困っているからこそ、明るい未来を描けると想像したい、そんな気持ちをくすぐります。

Ⓒの場合、「おやつを手作りするママってステキだな！」という憧れを抱くママに対して有効なキャッチコピーですね。

それぞれハッピーな未来を描くキャッチコピーですが、ターゲットは異なります。手作りおやつに魅力を感じないママなら、Ⓒのキャッチコピーも心に刺さらないでしょう。対象者が同じママであっても違うのです。
ハッピーを描くキャッチコピーも、常に適切なターゲットを設定し、そのターゲットに向けて考えることが重要です。

ここがポイント！

- インターネットで検索している人には強い欲求がある
- 「ハッピーを描く」のは、強いプラスの欲求をもった相手に効果的
- 読み手のハッピーや明るい未来を、短い言葉で表現しよう

生活のなかで、キャッチコピーを作るセンスを磨きましょう。
インターネット、電車の中吊り広告、雑誌などをみていてキャッチコピーに「ハッ」とすることがあると思います。
そのときは、キャッチコピーをメモして「なぜこのキャッチコピーが自分に響いたのだろう」と考えてみましょう。
自分で集めたキャッチコピーが、次にキャッチコピーを作るときのヒントになるはずです。

07 悩みに寄り添う

インターネットで検索している人は、何らかの問題、課題をもっています。その人に向けて「こんなことで困っていませんか？」と悩みに寄り添うことで、キャッチコピーを作れます。

1 悩みに寄り添うと、なぜキャッチコピーになるの？

比べてみよう！

次の例文を読んでください。Ⓐとⓑのどちらが「読み手の気持ちに寄り添っているか？」という視点で比較してみましょう。

Ⓐ チラシの作り方がわかる！
チラシ作成講座

Ⓑ お客様の来店が少ない…と悩んでいませんか？
チラシ作成講座

Ⓐ お子さんをおもちのあなたへ！
○▲□学習塾

Ⓑ 勉強しないお子さんにため息をついているあなたへ！
○▲□学習塾

Ⓑは、悩みやお困りごとに寄り添うキャッチコピーとなっていて、ターゲットの心に届きやすくなります。「そうそう」と共感させることで、この先を読みたい気持ちにさせるキャッチコピーに仕上がります。

2 マイナスの欲求には「悩みに寄り添ってあげる」と効果的！

前述したように、インターネットで検索している人には、「プラスの欲求」と「マイナスの欲求」の2種類の欲求があります。

強い欲求には２つのパターン

タイプA

ハッピーになりたい
誰かをハッピーにしたい

本書では「プラスの欲求」と呼びます

タイプB

悩みを解決したい
痛みや苦しみから解放されたい

本書では「マイナスの欲求」と呼びます

「マイナスの欲求」をもつ人へのアピール

悩みを解決したい
痛みや苦しみから解放されたい

キャッチコピーを
通じて、悩みに
寄り添う

悩みに共感してもらえた
この苦しみを分かち合えた
自分の痛みをわかってもらえた

「マイナスの欲求」をもっている人には、悩みに寄り添う言葉を投げかけてあげると効果的です。読者は**「悩みをわかってもらえた」と安心でき、親近感を覚える**でしょう。さらに**「その悩みが解決できるかも」**と感じさせることができればベターです。

具体的には、以下のように例文のキャッチコピーに一言プラスするのも効果的でしょう。

Ⓐ 集客率の低さに悩んでいませんか？　集客力をあげる方法はこれ！

Ⓑ 勉強しないお子さんにため息をついているあなたへ！　もう怒らずに成績アップさせる方法

レッツ・チャレンジ！

悩みを解決するキャッチコピーを作ってみよう

練習問題

次の文に1行キャッチコピーを添えるとしたら、どんなキャッチコピーが作れますか？

「悩みを解決する」ことを意識して、キャッチコピーを書き加えてみましょう。

Ⓐ 家事代行サービス始めました
Ⓑ 事務作業を効率化するアプリあります
Ⓒ サービス付き高齢者向け住宅オープン！

解答例

Ⓐ「共働きで家事をする時間がない」とお悩みのご夫婦は要チェック！
家事代行サービス始めました

Ⓑ事務作業に手をとられ仕事がはかどらない、どうすればいいの？
事務作業を効率化するアプリあります

Ⓒ一人暮らしの親が心配だけど同居もできない…だれに相談すればいい？　サービス付き高齢者向け住宅オープン！

解説

どんなキャッチコピーを作ることができましたか？

解答例は、あくまでも一例です。悩みに寄り添う、または悩みを解決できるような言葉が入っていればOKです。

「悩みを解決する」ために必要なのは、ターゲットがどんな悩みを抱えているかを想像することです。強いマイナスの欲求をもっている人に対して、どんな言葉で寄り添えば共感してもらえるのか？　という点をしっかり考えましょう。

どのキャッチコピーの作り方にも共通している「**ターゲットをしっかりイメージする**」ことも、もちろん必要です。

Ⓐは「家事代行サービスの利用を考えるのは、忙しい共働き夫婦」、Ⓑは「事務作業に追われている会社員や自営業の人」、Ⓒは「サービス付き高齢者向け住宅を利用する本人ではなく、その家族」をそれぞれ想定しました。

ターゲットが決まったら、「その悩みを抱えるターゲットにどんな言葉をかけてあげると振り向いてもらえるだろう？　共感してもらえるだろう？」ということを考えます。このときに注意したいのは、サービスを前面に押し出さないことです。サービスありきのコピーにすると、「そんなのいらないよ」と思われかねません。

悩みを解決するキャッチコピーは、**悩みに寄り添い共感させ、興味をもたせることができれば、成功です**。その先に解決する方法として、こんな方法やサービスがあるということは、その後の記事の中で順を追って説明すればいいのです。

ここがポイント！

- 「悩みに寄り添ってあげる」と、キャッチコピーが作れる
- お客様の悩みや困りごとに共感する言葉を考えよう
- サービスを前面に押し出さず、気持ちに寄り添うことが重要

08 王道を否定する

王道否定とは、「当たり前のことを否定する」という意味です。「一般的なこと」「当然こうであるべき」という内容を否定することによって、読者に驚きを与えます。

1 王道を否定すると、なぜキャッチコピーになるの？

比べてみよう！

次の例文を読んでください。Ⓐと Ⓑ、どちらが「読み手をハッとさせられるか？」という視点で比較してみましょう。

Ⓐ 平日は毎日会社へ行きます
Ⓑ 平日、毎日会社へ行くな

Ⓐ 夜寝る前に歯を磨きます
Ⓑ 夜寝る前には歯を磨くな

Ⓐのキャッチコピーは当たり前のことを書いているので「あ、そうだよね」としか思いませんが、Ⓑのほうは「え？　なんで？」と衝撃を受けたのではないでしょうか。Ⓐは王道、つまり当たり前のことを書いているだけです。

一方Ⓑは、**当たり前のことを否定しているキャッチコピー**になります。

実はこの方法、書籍のタイトルでもよく使われています。書籍と著者名を紹介しますね。

『お金は銀行に預けるな』勝間和代
『やせたい人は食べなさい』鈴木その子
『学校は行かなくてもいい』小幡和輝
『運動指導者が断言！ ダイエットは運動1割、食事9割』森拓郎
『かぜ薬は飲むな』松本光正

「お金は銀行に預けるもの」「学校は行くもの」など、**当たり前（王道）だと思っていることを否定**しているので、かなり衝撃的。キャッチコピーとして考えたとき、とてもインパクトがありますね。

2 王道否定は簡単！ ただし、否定した理由を書かなくてはダメ

王道否定を使うと、てっとり早く衝撃的なキャッチコピーを作ることができます。ただし、**王道否定のキャッチコピーを多用したり、根拠もなしに使ったりするのは逆効果**です。書籍のタイトルはどれもインパクトがありますが、本を最後まで読めば「なぜなのか？」がしっかり伝わり、**タイトルの意味を納得できる内容**になっています。

「キャッチコピーでひきつけたお客様を、その先のコンテンツで納得させる」ここまでを対として考え、キャッチコピーを作るようにしてください。

レッツ・チャレンジ！

王道否定のキャッチコピーを作ってみよう

練習問題❶

次の文章は「一般的なこと（王道）」を書いています。
まず、否定する言葉を考えてください。

Ⓐ 大学教授は頭がいい
Ⓑ キッチンは料理をするところ
Ⓒ 人は睡眠が必要

解答例
Ⓐ 大学教授は頭が悪い
Ⓑ キッチンで料理をするな
Ⓒ 人に睡眠は不要

解説

否定するだけなら簡単ですね。これでもキャッチコピーになりますが、さらに今まで習った「呼びかける」や「問いかける」などのテクニックを使えば、よりインパクトのあるキャッチコピーを作ることができます。次の問題にも、チャレンジしてみましょう。

練習問題❷

練習問題❶で否定した言葉を変化させて、別のキャッチコピーを作りましょう。

Ⓐ 大学教授は頭が悪い
Ⓑ キッチンで料理をするな
Ⓒ 人に睡眠は不要

解答例

Ⓐ 実は大学教授は頭が悪い？

Ⓑ キッチンで料理をするのは、やめませんか？

Ⓒ もう寝なくていいんです

解説

ⒶとⒷは、キャッチコピーの作り方の最初のテクニック「問いかける」（136ページ参照）を使って変化させました。問いかけることで、インパクトだけでなく**「脳に考えさせる」という効果**も生まれました。

Ⓒは「人に睡眠は不要」という文を、「もう寝なくていいんです」とやさしい表現、語りかけるような表現に変化させました。論理的な思考の人をターゲットにした場合は「人に睡眠は不要」のほうが効果的かもしれませんが、感情的な思考の人をターゲットにした場合には「もう寝なくていいんです」のほうが伝わりやすいかもしれません。

どんなキャッチコピーが適しているかは、ターゲットを意識して考えると答えが見つかります。

ここがポイント！

- 王道を否定すると衝撃的なキャッチコピーができる
- 簡単な方法だけれど、多用するのは逆効果
- 王道否定のキャッチコピーは、その先のコンテンツで納得させることが必要

Webライティングでの キャッチコピー

キャッチコピーというと、CMで見かけるようなカッコよくて頭に残るフレーズを考えなくては…と思うかもしれませんが、Webライティングの世界でのキャッチコピーは少し違います。

短い言葉で相手の心をひきつけるという意味ではCMなどのコピーも同じですが、Webライティングの世界では、さまざまな場面でキャッチコピーを使う必要があるからです。

キャッチコピーが使われる場所に応じて、しっかりとターゲットの心をつかむことが重要です。

Webライティングのキャッチコピーはあちこちに！

バリエーション豊かにたくさんのキャッチコピーを作ることが大切！

キャッチコピーを考えるときは、5時限目で紹介した8つの作り方を参考にして、たくさんのキャッチコピーを作り、その中から最適なものを選ぶようにしてください。

6時限目
仕事をスムーズに進めるためのメール活用術

Webライティングの仕事を行う際に、メールでの連絡は欠かせません。
6時限目でメール活用術をマスターして、仕事を効率的に進めましょう。

01 メールのメリットとデメリットを知る

メールは、ビジネスに必要不可欠なツールのひとつです。ビジネスメールを上手に使いこなすことができれば、コミュニケーションをスムーズに進められます。ここでは、メールのメリットとデメリットについて見ていきましょう。

1 メールならではの特性とは？

考えてみよう！

普段、何気なく使っているメールですが、あらためてメリットについて考えてみましょう。
次のうち、**メールのメリット**としていえるものはどれでしょうか？

Ⓐ 即レスがもらえる（すぐに返事がもらえる）
Ⓑ 確実に相手に届く
Ⓒ 履歴が残る

メールのメリットとしていえるのは、Ⓒの**「履歴が残る」**です。

電話など口頭でのやりとりでは、「いつ、誰が、何を言ったか」という記録が残りません。その点、メールでは「いつ、誰が、何を書いたか」が記録に残り、どんなやり取りが行われたかの履歴を確認できます。メールには、**「言った、言わない」のトラブルを避けられるというメリット**があるのです。

Ⓐの「即レスがもらえる」は、相手がメールを確認するタイミングにも依存するため、NOです。

Ⓑの「確実に相手に届く」については、サーバーの問題などでメールが相手に届かないこともあるので、NOとなります。

それでは、メールのメリットとデメリットを整理していきましょう。

2　メールのメリットとは？

メールを使いこなすためには、長所と短所を理解する必要があります。まずはメールのメリットについて表にまとめました。

メールのメリット	説明
相手の状況を気にせずに送信できる	電話の場合は、「相手は忙しい時間帯だろうか？」「お昼休みは避けたほうがいいだろうか？」などと相手の状況を気にする必要がある。その点、メールは、相手が都合のよい時間帯に開封してくれればよいので、相手の状況を気にせずに送信することができる
すぐ届く	サーバートラブルなどがなければ、ほぼ送った瞬間に相手に届く
履歴が残る	やり取りを記録として残しておけるので、電話や対面での会話にありがちな、「言った、言わない」のトラブルを回避することができる
費用が少なくて済む	通信料、サーバー代はかかるものの、電話、郵送など、他の通信手段に比べて圧倒的に安価である
一度に複数の相手に送信できる	1本のメールを、複数の相手に同時に送信できる。一斉に送ることによって、全員が同じ情報を共有できるため、効率的かつ、情報の誤差を防ぐことができる

メールには**「いつでも気兼ねなく送れる」「複数の人に同時に送れる」などのメリット**があります。また、**電話や口頭でのやりとりは記録が残らない**一方、メールは記録が残るので便利です。

次に、メールのデメリットについて見てみましょう。

3　メールのデメリットとは

メールにはメリットが多い一方で、デメリットもあります。

メールのデメリット	説明
即時性がない	電話であれば、その場で返事がもらえるが、メールではいつ返信をもらえるか予測できない
履歴が残る	履歴が残ることは、メリットでもあり、デメリットでもある。「誰かに読まれたら困る」内容のメールは、一度送ってしまったら取り返しのつかない事態になることも。特に感情が入ったメールは要注意
確実性がない	「メールを送った＝読んでもらえる」とは限らない。サーバーの状態などによって、届かない可能性がある。また、メールボックスの中で迷惑メールに振り分けられるなど、見落とされてしまうこともある
微妙なニュアンスが伝わらない	受け取り方によって意味が変わってしまうような内容、文字だけでは伝わりにくいニュアンスなどは、メールではなく相手と直接話すほうが伝えやすい場合もある
誤送信の危険性がある	宛先を間違ってメールしてしまうなどの危険性がある。機密情報などを誤送信してしまうと大きなトラブルにもなりかねない。電話の場合は、本題を話す前に「間違えました」と電話を切ることができる

このように、メールには「**いつ返事がもらえるかわからない**」「メールを送信したとしても、**必ず相手に届くとは限らない**」などのデメリットがあります。

4　メールと電話を使い分ける

メールは便利なツールですが、場合によっては、**電話での連絡のほうが適していることがあります**。

クレームの対応、緊急時の対応など、差し迫った状況では、メールではなく電話での連絡を検討しましょう。特に、ニュアンスの違いで誤解を招きやすいトラブル時には、**電話で相手の様子を確認しながら話したほうが解決しやすい**のです。

また、急いでいるときにメールを書くと、宛先を間違えて送信してしまったり、変換ミスをしてしまったりすることがあるので注意しましょう。**焦って書いたメールは相手への思いやりに欠けてしまい、事態を悪化させてしまう危険性**もあります。

トラブル時、緊急時にはメールより電話がおすすめ

NG　トラブル時、緊急時にメールは不向き

- メールは確実に届くとは限らない
- 微妙なニュアンスが伝わらない
- 急いでメールを送ると間違うことがある

OK　トラブル時、緊急時には電話がベター

- 電話なら確実に情報を伝えられる
- 微妙なニュアンスや気持ちを伝えられる
- 相手の声色、様子によって臨機応変に対応できる

メールは、ビジネスにおいて重要なコミュニケーションツールのひとつです。しかし、**メールは一方的な伝達手段であり、確実性がない**ということを覚えておきましょう。また、メールは微妙なニュアンスが伝わりにくいこともあるため、トラブル時や緊急時には、電話での連絡を検討するようにします。

ここがポイント！

- メールはビジネスで欠かせない連絡手段
- メールのメリットとデメリットを知っておこう
- 緊急時には電話連絡がベター。電話とメールを使い分けよう

02 ビジネスメールの基本形を知る

ビジネスメールには、基本となる形があります。どんな要素を入れれば、ビジネスメールとして成立するでしょうか？　基本形を知り、メール上手になりましょう。

1　ビジネスメールに必要な要素とは？

考えてみよう！

ビジネスメールの本文の書き方について、問題です。
次のうち、正しいのはどちらでしょうか。

Ⓐ メール本文の冒頭には、必ず受信者の名前を入れ、「様」をつける
Ⓑ メール本文の冒頭に受信者の名前を入れる必要はない

Ⓐが正解です。メールの冒頭には、**相手の会社名、部署名、名前を正式名称**で書きましょう。名前は、**「名字＋様」**が一般的です。名前の変換ミスをしないよう、十分に注意してください。

ビジネスメールに必要な要素には、次の5つがあります。

- **宛名**
- **冒頭のあいさつ**
- **本題**
- **結びのあいさつ**
- **署名**

実際の文例を見て確認していきましょう。

2　ビジネスメールの基本形

ビジネスメールでは、必要な情報をもれなく書くことが大切です。ビジネスメールの基本として、5つの要素が必要となります。

5つの要素を含めたメールの基本形を知り、これに沿ってメールを書くことをオススメします。

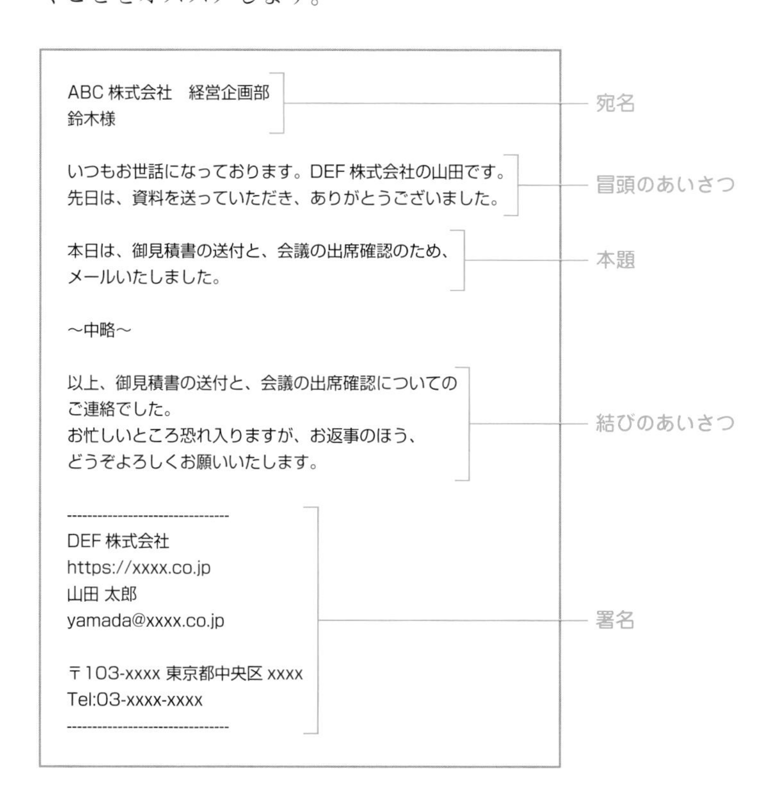
ABC 株式会社　経営企画部
鈴木様

いつもお世話になっております。DEF 株式会社の山田です。
先日は、資料を送っていただき、ありがとうございました。

本日は、御見積書の送付と、会議の出席確認のため、
メールいたしました。

～中略～

以上、御見積書の送付と、会議の出席確認についての
ご連絡でした。
お忙しいところ恐れ入りますが、お返事のほう、
どうぞよろしくお願いいたします。

DEF 株式会社
https://xxxx.co.jp
山田 太郎
yamada@xxxx.co.jp

〒103-xxxx 東京都中央区 xxxx
Tel:03-xxxx-xxxx

・**宛名**

会社名、部署名、名前など正式名称で書きます。

会社名や名前に誤字脱字があると、相手に対して失礼になります。

送信前に、必ず見直しましょう。

・**冒頭のあいさつ**

ビジネスメールでは「**お世話になっております**」が基本です。
相手にわかるように、会社名、名前などを名乗りましょう。
簡単なあいさつや、用件の趣旨も、ここに入れます。

・**本題**

メールの中心部分です。
伝えたいことがしっかり伝わるように書きましょう。
大事なことを先に書く、箇条書きで整理するなどの工夫も忘れずに。

・**結びのあいさつ**

最後に、メールの趣旨をもう一度整理して念を押します。
相手に「**いつまでに何をしてほしいのか**」を明記しましょう。

・**署名**

ビジネスメールには、**署名が必須**です。
自分の会社名、名前、メールアドレスなどを書いておきましょう。
メールソフトの「署名登録」をしておくと便利です。

ビジネスメールを書くときには、この基本形に合わせて書いてみましょう。本文をこの形で書けば、**相手に失礼のないビジネスメールの体裁**が整います。

メールの送信前に、全文を読み返して、チェックすることも忘れないようにしましょう。

ここがポイント！

- ビジネスメールの基本形と５つの要素を覚えておこう
- ５つの要素の書き方、注意事項を意識する
- メールを送る前に、宛名、内容を再チェック！

「ご苦労さま」は、目上の人が使う言葉です。ビジネスメールでは、「お疲れさま」が無難です。
対外的なメールには、冒頭で「○○です。お世話になっております」と書きましょう。
他にも、「了解しました」ではなく「承知しました」を使うなど、ちょっとした表現にも意識を向けましょう。

03 宛先を正しく使う

メールの宛先には、「宛先（TO）」と「CC」、「BCC」の3種類があります。この3つには、どんな違いがあるのでしょうか。違いを知って、メールの宛先を正しく設定しましょう。

1 「TO」「CC」「BCC」どれを使う？

メールの宛先には、「宛先（TO）」のほかに、「CC」と「BCC」があります。

考えてみよう！

あなたは、取引先のAさん宛てにメールを書いています。メールの内容を、あなたの上司のBさんにも読んでほしいと考えました。

このとき、Bさんのメールアドレスをどこに入れればいいでしょうか？

Ⓐ TO
Ⓑ CC
Ⓒ BCC

答えは、Ⓑの「CC」です。

「TO」には、Aさんのメールアドレスを入れます。これが、メインの宛先です。

では、それぞれの特徴について、詳しく説明します。

2 「TO」「CC」「BCC」の使い分け

「TO」「CC」「BCC」には、次のような違いがあります。

TO （宛先）	● 「TO」はメインの宛先 ● 複数の相手にメールを送る場合は、複数のメールアドレスを入れる。メールソフトによって、カンマ（，）やセミコロン（；）で区切る場合や、入力の欄を追加して入力する場合がある	「TO」「CC」に入れた相手に対して、全員のメールアドレスが公開される（誰が、誰に、何を送ったかを、全員が知ることになる）
CC	● 「Carbon Copy（カーボンコピー）」の略 ● **関係者全員に確認メールを送る場合などに便利** ● 宛先の人に、「同じメールを●●さん（CCの人）に送りました」と伝えられる ● 「CC」の人に対し、「TO」宛てのメールだが、「参考までに見ておいてください」と伝えたいときに利用	
BCC	● 「Blind Carbon Copy（ブラインドカーボンコピー）」の略 ● 「BCC」に入れたメールアドレスは誰にも知られることはない ● 「BCC」に送られたメールは、迷惑メールに勘違いされてしまう可能性あり ※トラブルにつながりかねないため、ビジネスメールでは、注意して使いましょう	「BCC」に誰のメールアドレスを設定したかは、受信者の誰からも知られない

ビジネスでよく使うのは、「TO」と「CC」だということを覚えておきましょう。では、具体的なビジネスシーンを例に挙げてみます。

3 「TO」「CC」の使い分け例

あなたが取引先のAさんに打ち合わせに関するメールを送るシーンを思い浮かべてください。「TO」は、もちろん取引先のAさんですね。

同じメールを、報告の意味であなたの上司Bさんに送る必要があるとします。そんなときには、「CC」に上司Bさんのメールアドレスを入れます。こうすると、同じメールが上司のBさんにも届きます。

また、**「上司のBさんにもメールが届いている」ということが、取引先Aさんにも伝わります**。

メールを送るときは、「TO」には宛先のメールアドレス、**「CC」には参考としてメールを見てほしい人**のメールアドレスを入れましょう。「BCC」は、ビジネスメールではあまり使われません。

4 「TO」「CC」を使うときの宛名の書き方

「TO」にはメインの宛先となるメールアドレスを入れ、「CC」には参考までにメールを見てほしい人のメールアドレスを入れる、と説明しました。

「TO」と「CC」のどちらにもメールアドレスが入っている場合、メール本文の宛名はどう書けばいいのでしょうか。

基本的には、

株式会社XXX
原田様

とメインの宛名を書いて、メールを出せばOKです。「このメールは、上司にも『CC』で送っています」とメールの相手に知らせたい場合は、次のように「CC」も宛名に書くことがあります。

株式会社XXX
原田様
(cc:弊社 佐藤)

会社によっては、「CC」を明記することがルールになっている場合もありますので、確認しておくといいでしょう。

ここがポイント！

- メールの宛先には「TO」「CC」「BCC」がある
- メールの宛先を正しく使い分けよう
- 「TO」と「CC」を使う場合、メール本文の宛名の書き方にも注意しよう

04 差出人名を工夫する

メールの差出人名（FROM）は、「誰からのメールか」を知らせる重要な情報です。ビジネスメールでは、メールの差出人名には日本語で氏名を入れることが基本のマナーです。

1　ビジネスメールの差出人名

考えてみよう！

メールの差出人名として、ビジネスで適している書き方（表記の仕方）はどれでしょう？

Ⓐ Tamiko Fukuda
Ⓑ 福田多美子
Ⓒ 福田多美子【グリーゼ】
Ⓓ tamikofukuda@xxxx.co.jp
Ⓔ 差出人名が空欄になっている

答えは、Ⓒ「**福田多美子【グリーゼ】**」です。

Ⓐのように差出人名がアルファベット表記のものは、メールソフトに迷惑メールと判断される危険性があります。海外とのやり取りなどの理由で英語表記が必要な場合もありますが、日本語表記の差出人名が一般的です。

Ⓓの「メールアドレスだけ」の差出人名や、Ⓔの差出人名が空欄の場合も、迷惑メールになりがちです。

残るはⒷとⒸですが、氏名だけではなく会社名が入っているほうが相手は安心して開封できます。会社内や部署内で、差出人名の書き方が統一されているとよりよいでしょう。

2　差出人名のマナーと開封率

　ビジネスメールの差出人名は、**メールを受信したときに、最初に表示される情報**のひとつです。差出人名が日本語の氏名でない場合、相手は「誰からのメールかわからない」と不安に感じて、メールを開封しないかもしれません。

差出人(R):　福田多美子【グリーゼ】<@XXX．Xo.jp>
宛先:
件名(S):

　メールを開封してもらうためにも、差出人名には日本語で氏名を書くようにしましょう。日本語表記で**「氏名＋会社名」**で設定するといいでしょう。また、イニシャルやニックネームでの表記は控えます。

ここがポイント！

- メールの差出人名は、日本語で「氏名＋会社名」とするのがオススメ
- メールの差出人名は、開封してもらえるかどうかを左右する重要な情報

メールの送信ミスを防ぐ方法

ビジネスメールで特に気をつけたいのが、送信ミスです。メールを誤った相手に送ってしまったり、内容が間違っていたり、添付ファイルを付け忘れてしまったり…。そういったトラブルを避けるためには、次のような対策が有効です。

メールをいったん保存する

作成したメールをすぐに送信するのではなく、いったん「保存」するようにしましょう。メールを「保存」すると、そのメールは「下書き」というフォルダの中に入ります。このとき、メールはまだ送信されません。

「下書き」のメールをもう一度読んで、間違いがないかを確認しましょう。

チェックリストを作る

次のような項目のチェックリストを作り、送信する前に指さし確認すると安心です。

● チェックリストの例

✓	送信先（TO、CC）は間違っていないか？
✓	メール本文の宛名に、間違いはないか？
✓	誤字脱字、変換ミスがないか？
✓	本文中に、書き忘れていることはないか？
✓	ファイルを送りたい場合、添付を忘れていないか？

テキストファイルなどで下書きをする

最初からメールソフトの本文に入力するのではなく、テキストファイルやWordなど別のツールを使って、下書きをしてみましょう。印刷したものをチェックしたり、校正ツールを使ってチェックしたりしてから、メールソフトに本文を貼り付けて送信します。

自分に送信して読み直す

作成したメールを自分宛てに送信して、受信してみましょう。これによって、「相手が見るメールの姿」を客観的に確認できます。受信したメールに間違いがないか、あらためてチェックしましょう。

特に重要なメールを送るときには、ぜひ実践してみてください。

送信取り消し機能について知っておこう

間違いのないメールを心がけていても、送信ミスは起こりえます。送信ミスの事態に備えて、メールソフトの「送信をキャンセルする機能」について知っておきましょう。

Outlook や Gmail などには、送信取り消し機能が備わっています。ただし、すべてのメールについて、送信取り消しができるわけではありません。送信を取り消せる条件や、取り消しの方法は、それぞれのメールソフトで確認してください。

05 開封される件名を書く

メールの件名は、メールが届いたときに最も目立つところに表示されます。多くの人は、メールの件名を見て、「今すぐ読むか、あとで読むか」を判断しています。相手にとって親切な件名の書き方をマスターしましょう。

1 よい件名と悪い件名

考えてみよう！

メールの件名について、質問です。次のうち、相手にとってわかりやすい、よりよい件名はどれでしょうか。

Ⓐ先日はありがとうございました
Ⓑ例の打ち合わせについて、お知らせいたします
Ⓒ●●様　ご相談です
Ⓓ【10/31までに返信希望】第２回営業会議の資料作成の件

答えは、Ⓓの**「【10/31までに返信希望】第２回営業会議の資料作成の件」**です。

Ⓐ～Ⓒの件名は、具体的な内容が書いていないため、「すぐ読むべきかどうか」がわかりません。相手は、「このメールは何のことだろう？」「よくわからないから後回しにしよう」と考えてしまうでしょう。そのまま、メールを受信したこと自体、忘れてしまうかもしれません。

メールの件名は、受け取った相手が**「メールを読むか読まないか、すぐに判断できる」「どうしてほしいのかが瞬時にわかる」**ように書くべきです。それでは、具体的な書き方についてご紹介します。

2　件名をわかりやすくするコツ

相手を悩ませない、わかりやすい件名を書くために、次の2点に気をつけましょう。

・何が書かれているメールなのか明記する

件名には、「報告」「相談」「返信希望」など、用件を明記します。これによって、相手は「すぐに読むか、あとで読むか」を判断できます。

わかりやすい件名の例

【報告】A製品のサンプル、発注完了
【相談】B社からの苦情の対応について

件名 (S):　【報告】A 製品のサンプル、発注完了

・具体的な内容、期限の日付を入れる

期限がある場合、**「いつまでに何をしてほしいのか」を件名に書く**ようにします。「例の件」「いつもの会議について」などと漠然とした件名は、避けましょう。

わかりやすい件名の例

【11/15までに返信希望】月次編集会議の出欠について
【11/20締め切り】C社提案書のチェックのお願い

わかりやすい件名を書くことで、相手の時間を無駄にすることなく、効率的なコミュニケーションができます。

一見して、**何のメールなのかがわかるように件名を工夫**しましょう。

ここがポイント！

- メールの件名によって、開封されるかどうか大きく左右される
- パッと見て「何が書いてあるメールか」がわかる件名をつけよう

LINEやFacebook Messengerなどで仕事の連絡をするときは、注意してください。ちょっとしたミスで、機密情報が流出してしまう危険性があるからです。
重要なやり取りはメールで行い、機密情報はパスワードをかけるなどのセキュリティ対策を！

06 本文をスッキリと書く

ぎっしりと文字が詰まったメールよりも、適度にスペースがあるスッキリとしたメールのほうが読みやすいものです。ビジネスメールは、パッと見たときにスッキリと見やすいように書きましょう。

1 メールはビジュアルも大切！

考えてみよう！

次のメールを見てみましょう。パッと見て「読みにくそうだな」と感じませんか？

「読みにくそう」な原因、このメールの問題点を見つけてみましょう。

● 読みにくいメールの例

ABC 株式会社　佐藤様

いつも大変お世話になっております。DEF 株式会社の山田です。このたびは、弊社のオンラインセミナーをご受講くださり、誠にありがとうございました。佐藤様から丁寧なご感想をいただき、講師一同、大変うれしく思っております。さて、今回のオンラインセミナーをご受講いただきました方限定で、弊社の製品をリーズナブルに購入できる特別なクーポンをご用意いたしました。添付ファイルをご参照ください。お申し込み期限は 2020 年 11 月 31 日までです。ぜひこの機会にご検討くださいませ。また、セミナーや製品に関してご質問があれば、何なりとお申し付けください。弊社の製品が、御社のビジネスに貢献できるよう、精一杯サポートいたします。末筆ではございますが、御社のますますのご発展をお祈りしております。

DEF 株式会社
https://xxxx.co.jp
山田 太郎
yamada@xxxx.co.jp

〒103-xxxx 東京都中央区 xxxx
Tel:03-xxxx-xxxx

このメールの問題点は、以下のような点です。ここに気がついたなら、正解です！

・本文に改行がない
・段落がひとつだけで区切りがない
・日付など、重要な情報が見つけにくい

2　メールをスッキリと見せるコツ

見やすいメール、読む気にさせるメールを書くためには、どんなコツがあるのでしょうか。先ほどのメールをリライトしてみました。

● スッキリと読みやすいメールの例

ABC 株式会社　佐藤様

いつも大変お世話になっております。
DEF 株式会社の山田です。

このたびは、弊社のオンラインセミナーをご受講くださり、
誠にありがとうございました。

佐藤様から丁寧なご感想をいただき、
講師一同、大変うれしく思っております。

さて、今回のオンラインセミナーをご受講した方限定で、
弊社の製品をリーズナブルに購入できる
特別なクーポンをご用意いたしました。

ーーーーーーーーーーーーーーーーーーーーーー
【特別割引クーポン】※添付ファイル参照
お申し込み期限：2020 年 11 月 31 日まで
ーーーーーーーーーーーーーーーーーーーーーー

ぜひこの機会にご検討くださいませ。
また、セミナーや製品に関してご質問があれば、
何なりとお申し付けください。
弊社の製品が、御社のビジネスに貢献できるよう、
精一杯サポートいたします。

ポイント
・重要な箇所は、罫線で囲むなどして目立つように工夫する

末筆ではございますが、
御社のますますのご発展をお祈りしております。

DEF 株式会社
https://xxxx.co.jp
山田 太郎
yamada@xxxx.co.jp

〒103-xxxx 東京都中央区 xxxx
Tel:03-xxxx-xxxx

修正のポイントは、以下のとおりです。

・1行あたり30文字前後
・文節や句読点（意味の切れ目）で改行を入れる
・目安として5行以内で1行の空きを入れる
・内容のまとまりで段落を作る
・目立たせたいところは罫線や【　】などを使って目立たせる

ビジネスメールを書くときは特に、**見やすいメール、読みやすいメールにすることが大切**です。改行やスペース、罫線を使って工夫してみましょう。

ここがポイント！

- メールは、見た目も大切
- スッキリとしたメールを心がけよう
- 見やすいメールにするために、改行やスペース、罫線を活用しよう

ビジネスメールでは、顔文字、絵文字などを使うことは避けましょう。

× ○○です。いつもお世話になっております（^^）
× 資料を送っていただき、ありがとうございました（*^-^*）

メールの相手や、お互いの関係性にもよりますが、場合によっては「ビジネスマナーを知らない人だ」と思われてしまいます。
メールでの印象をよくすることも、仕事を円滑に進める秘訣です。

Column 6

スマホでも読みやすいメールとは

パソコンではなく、スマートフォン（スマホ）でメールを確認する人が増えています。スマホでも見やすいメールを書くためには、どうしたらいいのでしょうか？

改行はほどほどに

スマホのメールは、1 行 20 文字程度で表示されます（折り返しの文字数は、環境により異なります）。「読みやすいように」と改行を多用すると、スマホでは読みにくくなるので気をつけましょう。

行数をできるだけ減らす

スマホの画面は小さいので、長文のメールではスクロールが必要になり、読みにくいです。ひとつのメールに用件はひとつだけにして、行数をコンパクトにすることをオススメします。

また、箇条書きを活用して見やすくする、署名をできるだけ短くする、といった方法も有効です。

罫線は全角 20 文字以内を目安に

罫線を使うと、伝えたい情報を強調できます。しかし、全角 20 文字以上の罫線は、スマホでは自動で折り返されてしまって見にくくなります（折り返しの文字数は、環境により異なります）。罫線は短めに入力しておきましょう。

スマホで表示したメール

ABC 株式会社　佐藤様

いつも大変お世話になっております。
DEF 株式会社の山田です。

このたびは、弊社のオンラインセミナーをご
受講くださり、
誠にありがとうございました。

佐藤様から丁寧なご感想をいただき、
講師一同、大変うれしく思っております。

さて、今回のオンラインセミナーをご受講し
た方限定で、
弊社の製品をリーズナブルに購入できる
特別なクーポンをご用意いたしました。

ーーーーーーーーーーーーーーーーーーーー
【特別割引クーポン】※添付ファイル参照
お申し込み期限：2020 年 11 月 31 日まで
ーーーーーーーーーーーーーーーーーーーー

ぜひこの機会にご検討くださいませ。
また、セミナーや製品に関してご質問があれ
ば、
何なりとお申し付けください。
弊社の製品が、御社のビジネスに貢献できる
よう、
精一杯サポートいたします。

末筆ではございますが、
御社のますますのご発展をお祈りしておりま
す。

DEF 株式会社
https://xxxx.co.jp
山田 太郎
yamada@xxxx.co.jp

〒103-xxxx 東京都中央区 xxxx
Tel:03-xxxx-xxxx

- スマホでは、1 行 20 文字程度で文字が折り返されるので、過剰な改行は NG
- 罫線を使うときには、スマホで表示されることを考えて、全角 20 文字以内を目安にするとよい

宛先が携帯キャリアのメールアドレスである場合や、相手が携帯電話で読んでいるとわかっている場合は、「メールを短くする」「署名を省く」などの工夫をするとより親切です。

07 返信をもらえるかどうかは「結び」で決まる

ビジネスメールの結びは、印象を左右する重要なパーツです。結びでは、大事なことを繰り返して書き、クッション言葉を使って柔らかい表現で締めくくるようにします。

1 メールをどうやって締めくくる？

メールの最後にどんな言葉を書けば、好感度がアップするでしょうか？　ポイントは、**メールの要点を伝えつつ、相手を気遣う言葉を入れる**ことです。

考えてみよう！

次の文を見てください。メールの結びとして、このような内容の文を入れたいと考えています。

相手を気遣う柔らかい表現に直し、ビジネスメールに適した結びの文にしてみましょう。

Ⓐ明日までに返信してください。
Ⓑセミナーにお越しください。
Ⓒ今回は辞退します。

これらの結びは、事務的で冷たい感じがしますね。柔らかい表現にすると、次のようになります。

Ⓐお忙しいところ恐れ入りますが、明日までにお返事いただけますよう、よろしくお願いします。
Ⓑご都合がよろしければ、ぜひセミナーにお越しください。心よりお待ちしております。
Ⓒ大変残念ですが、今回は遠慮させていただきます。お役に立てず、申し訳ありませんでした。

このように書くと、ビジネスに適した結びになり、とげとげしさがなくなります。これは、**「クッション言葉」の効果**です。

では、「クッション言葉」について、詳しくご紹介します。

2　結びで役立つ「クッション言葉」

クッション言葉とは、お願いしたり、断ったりするときに、文の前に入れて印象を柔らかくする言葉です。例として、次のようなクッション言葉があります。

- **恐縮ですが**
- **申し訳ありませんが**
- **差し支えなければ**
- **お手数ですが**
- **よろしければ**
- **ご面倒をおかけしますが**
- **お忙しいところ恐れ入りますが**
- **せっかくですが**
- **あいにく**

クッション言葉を使ってメールを締めくくると、相手への気遣いを表せます。**メールの印象がアップする**ので、返信を促すことにもつながります。

また、メールの結びに相手を思いやる一言を添えると、好感度が高まります。

- このところ、天候が不安定ですね。●●様もどうかご自愛ください。
- 次回のセミナーでお会いできることを楽しみにしております。

メールの結びには、ぜひ「相手思い」のフレーズを入れましょう。

柔らかい印象の言葉、思いやりのあるフレーズでメールを締めくくることで、コミュニケーションを円滑に進められます。

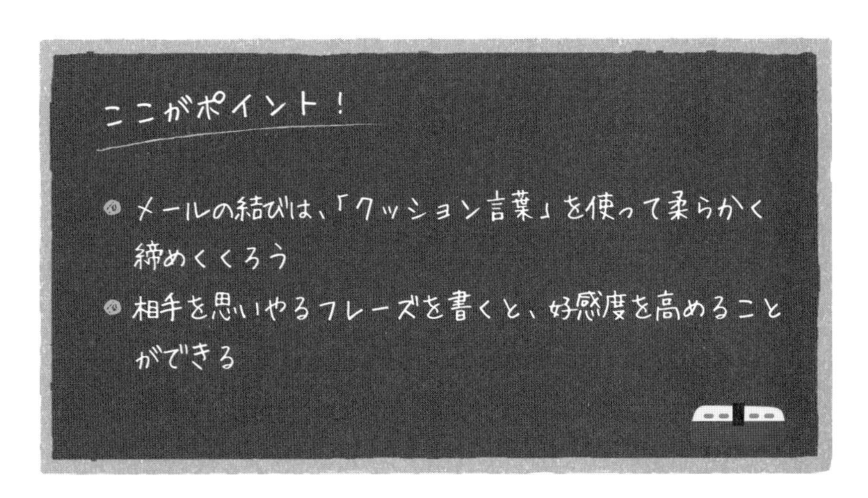

08 効率的に書くテクニック

メールを書くときに、定型やテンプレート（雛形）、単語登録をうまく使えば、書く時間を短縮できます。ビジネスでよく使われる定型やテンプレート、単語登録の活用法をご紹介しましょう。

1 テンプレートで時短！

ビジネスでは、日々、多くのメールを書かなくてはなりません。そのなかに、「同じ目的のメール」がないでしょうか。

同じ目的のメールを何回も送ることがあるなら、そのメールを**テンプレート（雛形）にして使い回しましょう**。

例えば、次のような「資料を送るメール」が挙げられます。

テンプレートの例

●●様

いつもお世話になっております。DEF株式会社の山田です。

ご依頼いただきました、●●の資料をお送りします。添付ファイルをご確認ください。

資料について、ご質問やご不明点がございましたら、何なりとお申し付けくださいませ。

どうぞよろしくお願いいたします。

DEF株式会社
https://xxxx.co.jp
山田 太郎
yamada@xxxx.co.jp

〒103-xxxx 東京都中央区 xxxx
Tel:03-xxxx-xxxx
----

2 署名で時短！

メールソフトの署名機能を使って、メールをテンプレート化する方法もあります。「●●様」から「どうぞよろしくお願いいたします」までの一連を**署名に登録しておく**のです。新しいメールの画面を立ち上げるだけで、テンプレートが表示されるので、時短になります。

署名登録の例

●●様

いつもお世話になっております。DEF 株式会社の山田です。

どうぞよろしくお願いいたします。

DEF 株式会社
https://xxxx.co.jp
山田 太郎
yamada@xxxx.co.jp

〒103-xxxx 東京都中央区 xxxx
Tel:03-xxxx-xxxx

署名のテンプレートを複数用意して、使い分ける方法もあります。

ビジネスメールをスピーディーに作成できれば、仕事を効率的に進められます。

3 単語登録で時短！

ビジネスメールの本文には、「いつも同じフレーズ」「よく使うフレーズ」がいくつかあります。これを、**単語登録しておくと、メールをすばやく書けます**。

単語登録とは、パソコンの単語（辞書）登録ツールの機能です。まず、単語登録ツールに、よく使う語句やフレーズを簡単な入力語と結びつけて登録しておきます。すると、簡単な入力語を打ち込んだだけで語句やフレーズに変換できるようになるのです。

次のようなフレーズを登録しておくといいでしょう。

単語登録の例

- **いつ ➡ いつもお世話になっております。**
- **あり ➡ ありがとうございます。**
- **ごかく ➡ ご確認よろしくお願いいたします。**
- **こんご ➡ 今後ともどうぞよろしくお願いいたします。**

このほかにも、会社名や会社の所在地、自分のメールアドレスなども単語登録しておくと、スピーディーに入力できて便利です。

● 単語登録の方法

単語登録の設定は簡単です。
OSのバージョンや入力ツールによっても異なりますが、ここでは、Windows10 の Microsoft IME での単語登録の方法を紹介します。

❶画面の右下の「あ」「A」などの文字をクリックします

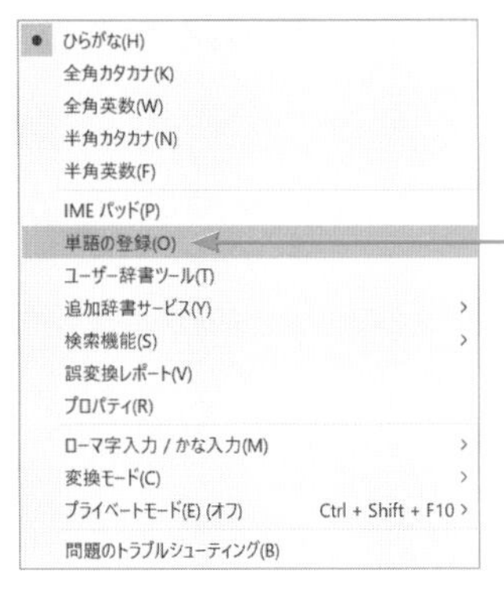

❷「単語の登録」をクリックします

単語の登録

単語の登録

単語(D):
株式会社グリーゼ

よみ(R):
ぐり

ユーザー コメント(C):
(同音異義語などを選択しやすいように候補一覧に表示します)

品詞(P):
正しい品詞を選択すると、より高い変換精度を得られます。

名詞(N)　短縮よみ(W)
人名(E)　「かぶ」→「株式会社」
「めーる」→「aoki@example.com」
姓のみ(Y)
名のみ(F)　顔文字(O)
姓と名(L)　その他(H)
地名(M)　名詞・さ変形動

登録と同時に単語情報を送信する(S)　<<

ユーザー辞書ツール(T)　登録(A)　閉じる

単語収集へのご協力のお願い

Microsoft は、お客… 計的に処理し、その… 製品の開発を目指しています。

[登録と同時に単語… ク ボックスをオンに… クすると、単語登録… 語情報と Microsoft IME の情報が Microsoft に送信されます。チェック ボックスをオフにすれば、データは送信されません。

登録と同時に送信されるデータには、登録された単語の読み、… Microsoft IM… バージョン、使用して… テムのバージョンおよびコンピューター ハードウェアの情報、コンピューターのインターネット プロトコル (IP) アドレスが含まれます。

お客様特有の情報が収集されたデータに含まれることがあります。このような情報が存在する場合でも、Microsoft では、お客様を特定するために使用することはありません

プライバシーに関する声明を読む(I)

更新情報(U)

❸登録したい単語を書きます

❹登録したい単語を呼び出すときの「よみ」を入力します

❺品詞を選択します

❻「登録」ボタンをクリックします

紹介したテンプレートやフレーズ登録を活用することで、タイプミスの削減にもつながります。**自分なりの「よく使うテンプレート」「よく使うフレーズ」をストック**しておき、効率的な入力に役立てましょう。

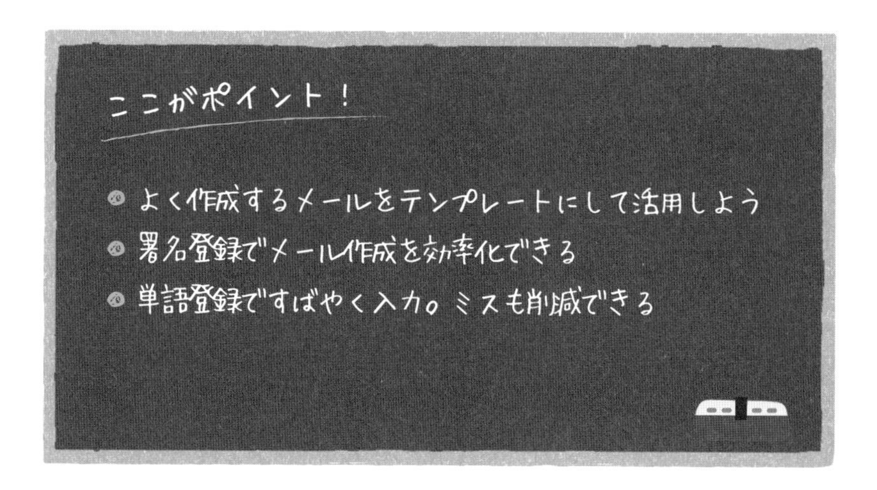

09 ファイルをやり取りする

原稿のファイルを送る場合など、ビジネスでファイルのやり取りを行うことは少なくありません。ファイル形式、ファイル送信のマナーなどを解説します。

1 ファイル形式について

Webライターが原稿のやり取りを行う際、添付ファイルとして使うファイルには、次のようなものがあります。

- テキストファイル（拡張子は「.txt」）
- Word（拡張子は「.docx」「.doc」）
- Excel（拡張子は「.xlsx」「.xls」など）
- PowerPoint（拡張子は「.pptx」「.ppt」）
- PDF（拡張子は「.pdf」）

このうち、Word、Excel、PowerPointは、Microsoft Officeという製品群に含まれるソフトウェアです。受信者のパソコンにソフトウェアがインストールされていないと、ファイルを開けません。**原稿のやり取りを行う際に、どのファイル形式で行うのかを、事前に確認しましょう。**

2 ファイル共有サービス・ファイル転送サービス

ファイルのやり取りを行う際に、**ファイル共有サービスやファイル転送サービス**を利用するケースが増えてきています。ファイルのやり取りを行う方法について、事前に確認しておきましょう。

ファイル共有サービスやファイル転送サービスを使うと、次のようなメリットがあります。

- **大容量のファイルを送れる**
- **複数のファイルを一度に送れる**
- **セキュリティ面も安心なサービスが多い**

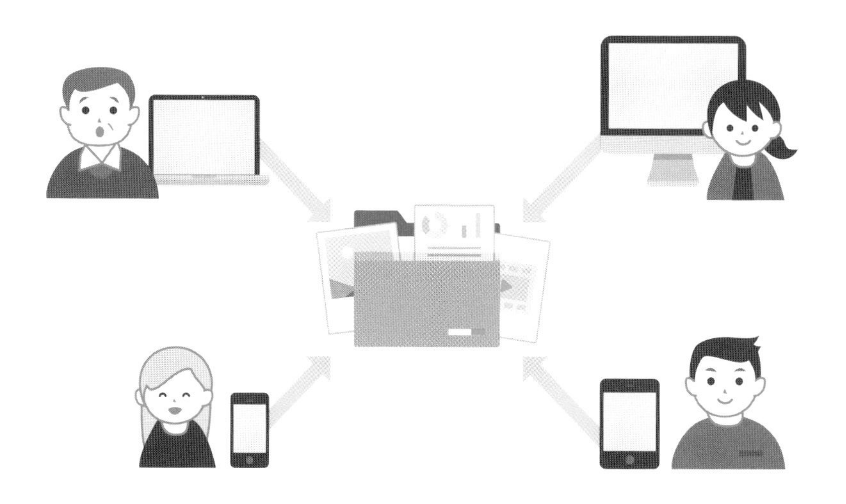

3　添付ファイルの注意点

ファイルをメールに添付して、やり取りするケースもあります。ビジネスメールでファイルを添付するときには、次のような点に気をつけましょう。

・添付ファイルの容量を確認する

容量の大きいファイルは、プロバイダの容量制限などによって、送信エラーになってしまうこともあります。

メール添付可能な容量としては、1～3MBを目安と考えましょう。ファイルの容量が大きい場合は、ファイル共有サービスや、ファイル転送サービスを使いましょう。

メールの添付ファイルやファイル共有／転送サービスの使用はNGという企業もありますので、**ファイルのやり取りの方法を事前に確認**しておくことが大事です。

・添付ファイルの数を確認する

複数（目安として3つ以上）のファイルを添付するときは、圧縮ファイルにまとめます。ファイルを圧縮するソフトウェアを使い、できればパスワードをかけておくと安心です。**解凍のパスワードは、別のメールや電話**、FAXなどで相手に知らせます。

・セキュリティに配慮する

個人情報や機密事項が含まれるファイルを送るときには、社内のルールやセキュリティポリシーを十分に確認する必要があります。

「一度送ったメールは、なかったことにはできない」と考えて、メールを送信する前に「送ってもいいファイルなのか」「社外秘の情報や個人情報が入っていないか」を見直しましょう。

・本文で、添付ファイルがあることを明記する

ファイルを添付しただけでは、相手に気づいてもらえないことがあります。本文に、**「○○のファイルを添付します。ご確認ください」**と書いて、添付ファイルを確認してもらうようにしましょう。ファイルにパスワードを設定した場合は、別のメールや電話、FAXで案内することを書き添えます。

ここがポイント！

- ファイルのやり取りをする前に、ファイルの種類、やり取りの方法を確認する
- メール添付のほかに、ファイル共有／転送サービスを使う方法もある
- メール添付の際は、注意事項を守ろう

ビジネスシーンでは、連絡やファイル共有、プロジェクト管理などで、さまざまなサービスが利用されています。
Googleドライブ、Dropbox（ドロップボックス）、Slack（スラック）、Chatwork（チャットワーク）、Backlog（バックログ）など、クライアントから指定されたときに慌てないように、日ごろから勉強しておきましょう。

10 お願いのメールを書く

ビジネスでは、相手に何かをお願いするメールを書くことが多くあります。お願いをするメールを書くときには、どんなことに気をつければいいのでしょうか。

1 「お願い」は、具体的に書く

考えてみよう！

次の2つの文を読んでみてください。どちらのお願いのほうが、わかりやすいでしょうか？

Ⓐ

原稿（初稿）のチェックをお願いできますか？

Ⓑ

原稿（初稿）のチェックをお願いします。
→11/5（木）までにメールで原稿（初稿）を送ります
11/12（木）までにチェック可能でしょうか？

お願いの内容がよりわかりやすいのは、Ⓑの書き方です。

Ⓐの文では、「原稿（初稿）がいつできるのか」「いつまでにチェックすればいいのか」がわかりません。Ⓑのように日付が入っていると、**いつからいつまでに確認すればいいのかが明確**になります。

では、メールの一例を見ていきましょう。

2　お願いや確認事項は、まとめて書く

メールで相手にお願いや確認をする場合は、**冒頭に「お願いがあります」「確認事項があります」と明記**しましょう。最後にお願いを書いてしまうと、そこまで読んでもらえない可能性もあります。できるだけ早いタイミングで、「お願いのメール」であることを知らせましょう。

● お願いメールの例

件名：【お願い】取材のお礼と、初稿チェックのお願い

●○▲◆株式会社
松下課長

お世話になっております。フリーライターの山田太郎です。

11/2（月）に訪問し、取材させていただきました。
その節は、誠にありがとうございました。
取材した原稿についてお願いがあり、メールいたします。

現在、取材させていただいた内容を聞き直し、
規定のフォーマットに落とし込めるように原稿を作っております。

順調に執筆を進めておりますが、もし不明点など出てきましたら、
都度、確認させていただきます。

【ここからがお願いです】
後日、原稿（初稿）のチェックをお願いします。
11/5（木）までにメールで原稿（初稿）を送ります
↓
11/12（木）までにチェック可能でしょうか？

もし 11/12（木）までのチェックが難しい場合
可能な期限をお知らせいただけると助かります。

ご確認のほど、どうぞよろしくお願いいたします。

山田 太郎
yamada@xxxx.co.jp

〒103-xxxx 東京都中央区 xxxx
Tel:03-xxxx-xxxx

ポイント
本文の最初のほうで、お願いがあることを知らせ、相手に「返信しなければいけない」と思わせる

ポイント
お願いを目立つようにする
ここでは、【ここからがお願いです】と書いて目立たせている

ポイント
具体的な内容や日付を明記する

お願いのメールでは、冒頭で「お願いがある」ことを書きましょう。お願いを書く部分は、1カ所にまとめます。「【ここからがお願いです】」と**カッコ書きで目立たせる**といいでしょう。

お願いの内容を書くときには、具体的な内容、日付をわかりやすく書きます。
日付は、曜日を添えると親切です。曜日を添えることで、相手にとってイメージしやすくなりますし、日付の書き間違いを防ぐことにもつながります。

お願いのメールでは、丁寧な文章で、わかりやすく書くことを心がけましょう。

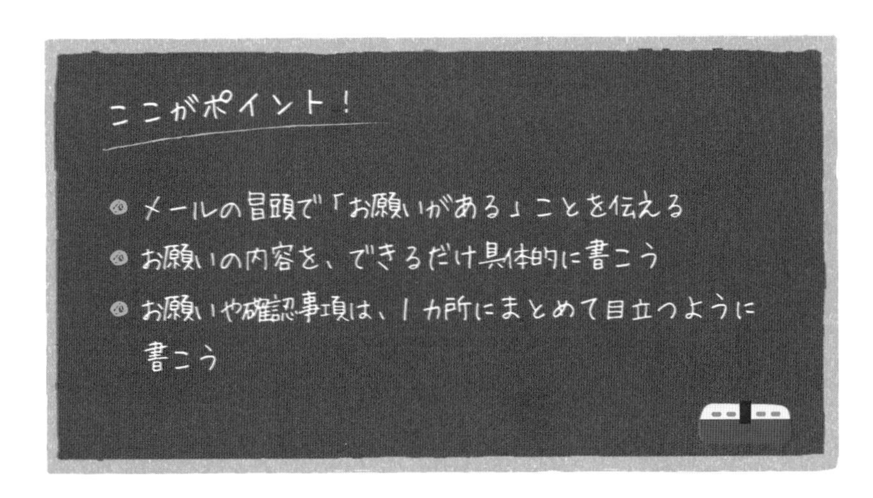

11 お礼のメールを書く

メールは、ビジネスを円滑に進めるために大切なコミュニケーションのひとつです。原稿のやり取り以外でも、メールを活用して良好な人間関係をつくりましょう。

1 お礼メールは、タイミングが大事

考えてみよう！

お礼のメールを送る際、タイミングとしてふさわしいのはどれでしょう？

Ⓐ できるだけ早いタイミングで送る
Ⓑ １週間以上あけて送る
Ⓒ ビジネスでは、お礼のメールは必要ない

答えは、Ⓐの「できるだけ早いタイミングで送る」です。

例えば、名刺交換したら、その直後に「名刺交換させていただき、ありがとうございました」というメールを送ります。取材の後には「取材させていただきありがとうございました。原稿は後日送りますが、まずはお礼まで」といったメールをすぐに送るといいでしょう。

お礼メールは、できるだけ早く送ることが大切です。

それでは、メールの一例をご紹介します。

2　お礼のメールを書く

お礼のメールでは、相手への感謝の気持ちをしっかりと伝えたいものです。メールの例を見ながら、お礼を伝えるときのポイントを理解しましょう。

● お礼のメール例

件名：勉強会でのミニセミナーと名刺交換ありがとうございました

●▽◆株式会社
●●様

お世話になっております。フリーライターの山田太郎です。
先日は、Web ライティング勉強会でのミニセミナーと、懇親会でのお話など、ありがとうございました。私、懇親会で●●様と名刺交換をさせていただきました。

ミニセミナーでは、Web ライティングの具体的な事例をたくさんご説明いただき、とても勉強になりました。

さっそく紹介していただいたツールも、使ってみました。
短時間で校正ができるので、とても役立っています。
ほんとうにありがとうございました。

また、●●様の実績、事例ページもさっそく拝見しております。
書き方やフレーズなど、真似したいところも多く、
今後参考にさせていただきたいと思います。

季節の変わり目で、体調を崩しやすい時期ですが、
●●様もどうかご自愛くださいませ。

またお会いできる機会を楽しみにしております。
今後とも、どうぞよろしくお願いいたします。

山田 太郎
yamada@xxxx.co.jp

〒103-xxxx 東京都中央区 xxxx
Tel:03-xxxx-xxxx

ポイント
- 感謝の気持ちを冒頭で伝える
- 複数の名刺交換をしている相手には、自分がどのタイミングで名刺交換したかを伝え、思い出してもらえるように工夫する

ポイント
- 自分の言葉で、喜びの気持ちを表現する
- できるだけ具体的に、エピソードを書く

ポイント
- 相手への思いやりを言葉で表す

単に「ありがとうございました」と書くだけではなく、具体的な内容、エピソードを書き添えることが大事です。具体的なメールは、相手の印象にも残りやすくなります。

また、相手との距離感を考え、初対面であれば、あまりなれなれしくならないように、また長文になりすぎないように注意しましょう。

ビジネスでのメールなので、**絵文字、顔文字を多用することは避けましょう**。絵文字、顔文字は、受け取る相手によって不快に思われることがあります。

心遣いのある、親近感がもてるメールを書くためには、**きつい言葉は避けて丁寧な言葉を使うことが大切**です。難しい漢字ばかりのメールは固い印象をもたれてしまうため、漢字をひらがなに置き換えたり、語尾を優しくしたりすると、親しみやすく品のよいメールになります。

贈り物や食事などのお礼は、**対面か電話、または手紙でお礼を伝えたほうがよいケースもあります**。

ここがポイント！

- おれいのメールは、タイミングが重要。できるだけ早いタイミングで送ろう
- 具体的な内容、エピソードを入れ、印象に残るメールにしよう
- 相手との距離感を考えよう
- ビジネスメールでも、相手への思いやりを表す言葉は大切
- 贈答などのお礼は、対面・電話・手紙が好ましい場合も

12 おわびのメールを書く

仕事上でミスが発生して、相手に迷惑をかけた場合、実際に顔を合わせて謝るか、電話やメールで謝る必要があります。おわびのメールでは、謝罪することが第一。そして、対応策を伝えることが大切です。

1 おわびメールのポイント

おわびが必要な場合は、**すぐに対面で謝ることが原則**です。すぐに会えないときは電話、電話ができないときはメールでおわびをしましょう。おわびのタイミングは、早ければ早いほどベターです。メールでおわびをした後に「メールでもお伝えしましたが…」と電話をする、訪問するなども検討しましょう。

おわびのメールを書くときに大切なことは、次の3つです。

❶ 相手に対するおわびをきちんと伝える
❷ ミスへの原因を具体的に書く
❸ 今後、ミスを起こさないための対応策を書く

第一に、自らの非を認めて、相手に**「申し訳ありませんでした」と謝罪の言葉を伝えます**。その後、「ミスや間違いに対してどのように対応するのか」「今後、ミスや間違いを起こさないためにどうするのか」を書きましょう。

では、メールの一例をご紹介しながら、おわびメールのポイントをおさらいしていきます。

2　おわびメールを書く

おわびのメールを書くときには、第一に「相手に謝る」ことが大切です。相手の感情が高ぶっている場合が多いので、**言葉のひとつひとつに注意を払わなくてはいけません**。次の例文を見てみましょう。

● おわびのメール例

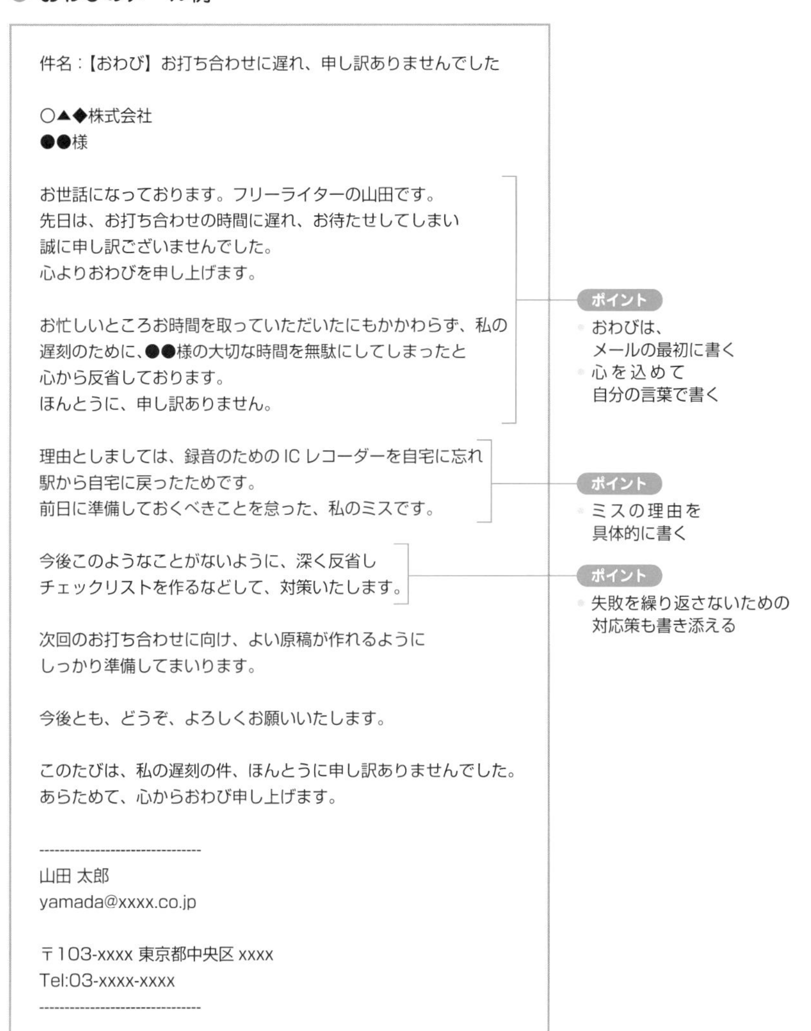
件名：【おわび】お打ち合わせに遅れ、申し訳ありませんでした

○▲◆株式会社
●●様

お世話になっております。フリーライターの山田です。
先日は、お打ち合わせの時間に遅れ、お待たせしてしまい
誠に申し訳ございませんでした。
心よりおわびを申し上げます。

お忙しいところお時間を取っていただいたにもかかわらず、私の
遅刻のために、●●様の大切な時間を無駄にしてしまったと
心から反省しております。
ほんとうに、申し訳ありません。

理由としましては、録音のための IC レコーダーを自宅に忘れ
駅から自宅に戻ったためです。
前日に準備しておくべきことを怠った、私のミスです。

今後このようなことがないように、深く反省し
チェックリストを作るなどして、対策いたします。

次回のお打ち合わせに向け、よい原稿が作れるように
しっかり準備してまいります。

今後とも、どうぞ、よろしくお願いいたします。

このたびは、私の遅刻の件、ほんとうに申し訳ありませんでした。
あらためて、心からおわび申し上げます。

山田 太郎
yamada@xxxx.co.jp

〒103-xxxx 東京都中央区 xxxx
Tel:03-xxxx-xxxx

おわびのメールは、おわび、対応策、感謝の順番で、言い訳を入れずに書きましょう。**相手を尊重する気持ち、相手に感謝する気持ち**を忘れず、誠意のある姿勢を示すことが大切です。

ただ謝るだけではなく、**具体的な理由**を書くとともに、**今後どのように改善するのかという対策**も伝えるようにしましょう。失敗の理由と対策を書くことで、反省の気持ちを相手に伝えられます。

おわびのメールを書くときは、気持ちが焦ってしまいがちです。まずは気持ちを落ち着けてから、丁寧に言葉を選んで書くようにしましょう。おわびのメールを書いた後は、**しっかりと見直しをして、間違いがないように**気をつけてください。

今回は、おわびのメールをご紹介しましたが、**おわびは「対面が基本」**です。すぐにお会いすることが難しいときにだけ、電話やメールを使うということを心にとめておきましょう。

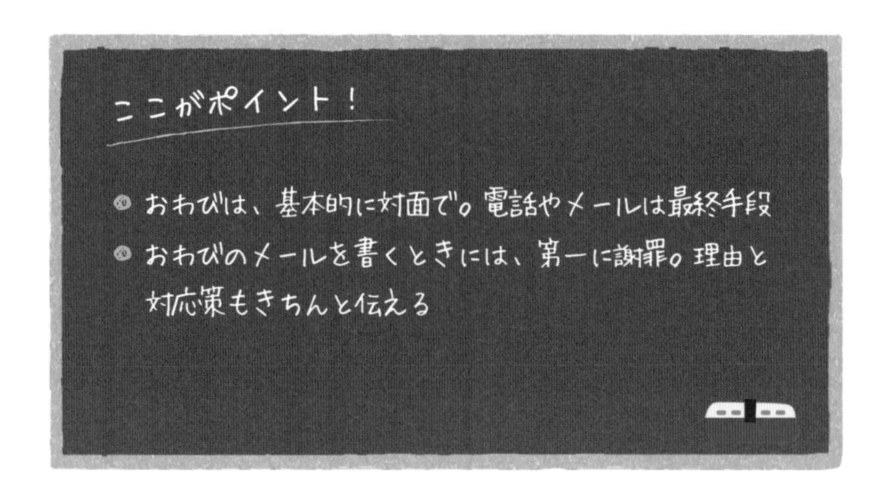

特別授業

先輩ライターに聞く、稼げるライターになるための秘訣とは？

Webライターとして活躍する先輩ライターの皆さんに、独占インタビューをしてきました。
それぞれに「得意」があり、稼げるライターのヒントが満載です。
ライター1年生への応援メッセージもあります。

01 【ライター検定】WEBライター検定1級合格で、スキルアップ&仕事も拡大

ライター 棚田将史さんへのインタビュー

「文章を書ければ、誰でもできる」くらいの軽い気持ちで、Webライティングの仕事をはじめた方も、多いのではないかと思います。

また一方で「自分の書き方は、正しいのか？」「わかりやすく書けているか」「企業の伝えたいことを、しっかり表現できているか？」と悩んでいるライターの方もいるはずです。

企業にとって、Webサイトは、お客様と直接つながるための重要なメディアです。Webライターは、Webサイトに訪問したユーザーに企業のメッセージを正しく、わかりやすく伝えるのが役割です。

自己流のライティングに不安を感じた際は、ライティング系の書籍を読む、良質なWebサイトを研究する、先輩ライターから学ぶなど、いろいろな方法があると思います。

スキルアップのために、WEBライター検定を受けるという方法もあります。WEBライター検定とは、株式会社クラウドワークスが提供するライティングテストです。3級、2級、1級があります。

ここでは、WEBライター検定に合格し、仕事の幅を広げている棚田さんのお話を聞いてみましょう。

先輩ライター　プロフィール

棚田 将史（タナダ マサシ）さん

兵庫県在住

ライター歴：約2年

Q1　ライターになったきっかけを教えてください

昔からなんとなく、「文章を書いてお金を稼ぐこと」に憧れをもっていました。高校卒業後は普通に働いていましたが、**Webライターという働き方やクラウドソーシングの存在**を知り、Webライティングを始めることに。大勢の人とのコミュニケーションが苦手なため、在宅でできる仕事に魅力を感じたという側面もあります。

Q2　WEBライター検定を受けたきっかけは？

ライター経験や学歴がなかったため、何かひとつ**「ライターの能力を証明できる形」**がほしかったのです。ほぼ独学だったこともあり、勉強の意味も含め試験を受ける決意をしました。

Q3　WEBライター検定合格後、どんな変化がありましたか？

意識が大きく変わり、自信をもって案件やスカウトに挑戦できるようになっています。実際、**高額のライティングのご依頼**をいただける機会が増えました。

ただ調べて書くのではなく、**掲載サイトの目的やWebコンテンツのCTA（Call To Action：行動喚起）まで意識したライティング**の重要性を、頭と体で覚えられたおかげでしょうか。

検定試験で学んだ文章の組み立て方やマーケティング理論を盛り込んで、意図を伝えると、**「ここまで考えてくれるのは頼もしいです」とのお言葉**をもらえるようになりました。お仕事の**継続にもつながっています**。

Q4 WEBライター検定の結果を、どのように活かしていますか？

WEBライター検定は、あくまでもスキルアップの方法のひとつ。受けたからといって、すぐに完璧な文章が書けるわけではありません。「検定を受けた後に、どうライティングに活かしていくか」が重要だと思っています。

ライターとしてレベルアップするには、やはり**仕事を通じて実践的に学ぶ**ことが重要です。特にWebライターの仕事の多くは、**読者とクライアントの両方を満足させる文章を書くこと**なので、実際に仕事を進めたりフィードバックを受けたりしなければ、得られない経験や知識もたくさんありました。

Q5 WEBライター検定を受けるメリット・デメリットは？

メリットは、文章の構造や表現の仕方について「論理的に学べる」ことだと思います。**「なぜその文章は読みやすいのか」「なぜその表現に、人は反応しやすいのか」という根拠を理解**できれば、どんな内容の文章にも応用が効きます。

また、他人の文章を添削したり指導したりするような仕事でも、相手に納得してもらいやすい意見が言えるようになったのかなと。なにより、試験の結果に対して添削やアドバイスをもらえるのは、今後の成長にもつながります。

デメリットは料金面でしょうか。Webライティングに関する検定は各種あり、数千円〜数万円ですが、金銭的負担はかかります。

ただ、料金相応の講座や添削が受けられると思いますし、合格すれば次のステップの仕事にもつながることを考えると、メリットのほうが大きいです。

Q6 ライター1年生にメッセージをお願いします!

Webライターを始める人が増え、仕事を受注するための競争率も高くなっています。ただ、そんな中でも**「正しい文章力」「読者を引きつける表現力」「正確な情報のリサーチ力」**を磨き、実際に記事に反映できれば、必ずクライアントの目をひくはずです。
WEBライター検定はそれらのスキルアップや証明につながり、なにより自分自身の文章に自信をもてるきっかけになります。

一緒にお仕事したクライアントの多くも、「一次情報に基づいた、正しく読みやすい文章が書けるライターさんと仕事がしたい」とおっしゃっていました。検定試験ではそれらの知識を**実践形式で学べるので、自分の身になりやすい**と感じます。

WEBライター検定で学んだことをふんだんに盛り込んだ**「サンプル記事」を作っておく**こともおすすめです。形式はブログ記事でも、Wordでも、Googleドキュメントでもいいと思います。自分の文章力、リサーチ力、引用ルールなどの基礎知識も、**「記事」という形でアピールできれば、仕事の実績が少なくても勝負できる**と思います。

ここがポイント

- WEBライター検定は、ライターの能力を証明するためのひとつの手段
- WEBライター検定で、ライティングについて論理的・体系的に学べる
- 学んだあとは「サンプル記事」を作っておこう
- 合格した後は、どう仕事に活かしていくかが大事
- Webライターの仕事は、読者とクライアントの両方を満足させること

Webライターは、働く場所や時間にしばられない自由な仕事として、年々人気が高まっています。その分、ライターとして仕事を獲得することが難しくなっています。また、ライティングの報酬額もさまざまです。
稼げるWebライターになるためには、ライティングの基礎知識は最低限必要となります。継続的なスキルアップも欠かせません。

02 【趣味を仕事に】待っているだけじゃダメ! 趣味を仕事にしたいなら行動あるのみ

ライター 鶴原早恵子さんへのインタビュー

趣味を活かして「鉄道ライター」「グルメライター」「スポーツライター」などとして活躍している人もいます。

鉄道ライター

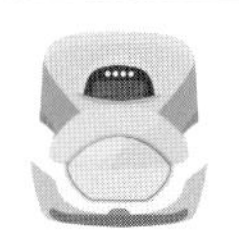

グルメライター

スポーツライター

自分もその中のひとりになれたらいいのに…、と憧れの気持ちを抱いている方も多いのではないでしょうか。

一方、「大好きな趣味が仕事になるのだろうか」「人よりも豊富な知識をもっていたとしても、仕事を受注するにはどうしたらよいのだろうか」と、趣味を仕事にすることは、ハードルが高そうに感じますね。

そもそも、自分の趣味をアピールし、仕事を依頼してもらうにはどうすればいいのでしょうか?

そこで、実際に趣味を活かしてライティングの仕事をしている鶴原早恵子さんのお話を聞いてみましょう。

先輩ライター　プロフィール

鶴原 早恵子(ツルハラ サエコ)さん

京都府在住

ライター歴:約15年

Q1　ライターになったきっかけを教えてください

もともと文章を書くことは好きでしたが、大学卒業後は、一般事務やオペレーターの仕事をしていました。

出産を機に退職し、専業主婦期間中にインターネットで受講できる「マーケティングライター育成講座」（現在終了しています）の存在を偶然知りました。軽い気持ちで受講してみたのですが、ライティングやマーケティングの基本を学ぶことができ、今につながっています。

Q2　鶴原さんの趣味は何ですか？

鉄道・歴史・文化・アプリ・占いなど多岐にわたります。

Q3　趣味を活かした仕事として、どんな仕事がありましたか？

趣味が仕事につながったケースには、以下のような経験があります。

- 鉄道系の**ウェブメディア記事**作成
- 歴史・文化系のウェブメディア記事作成
- スマホアプリの解説記事
- 乙女系ソーシャルゲームの**ゲームシナリオ**
- 歴史系ゲームの**Facebookの投稿文**作成
- 占いサイト・アプリの結果文作成

Q4 趣味を活かした仕事をするようになったきっかけは何ですか？

「趣味を活かした仕事をしたい」というのはいつも意識していました。時間があるときに**「趣味（鉄道・アプリ・占いなど） ライター募集」などと検索**して、案件を探していました。

簡単には見つからなかったのですが、ある日「なんでもいいから好きな記事を書いてください。記事のライターとしてあなたの名前も出せます」という案件を見つけて応募しました。鉄道にはまったく関係のないメディアでしたが、採用されて鉄道の記事を数本書きました。

その記事を実績として、他のメディアに営業をかけました。記名記事を実績として出せると、その後はかなり話が早いように思います。

Q5 趣味が活かせる仕事のメリット・デメリットは？

メリットは、**「リサーチや取材が苦にならない、むしろ楽しい」**ことです。苦手、不得意なジャンルの場合、リサーチ段階で「これってどういうこと？」と情報がうまく消化しきれないこともありますが、趣味のジャンルの場合は理解も早いです。むしろ「あ、これはこういうことだったのか！」と**知識と知識がつながっていく**こともあるので、とても楽しいです。

デメリットは、**「マニア目線」**になってしまうことでしょうか。提案するネタから**「読者が喜ぶか」という視点が抜け落ちてしまう**ことがあります。提案したネタをメディア側から「それはマニアック過ぎます」と注意されて、方向修正したことや、取り下げたこともあります。

「自分が紹介したいと思うことと、読者が読みたいと思うことは違

う」というのはライターを始めたときから肝に銘じていたはずなのですが、好きな気持ちが先立ってしまうと、こういう基本を忘れてしまうな～と感じます。

Q6 趣味を活かせる仕事を受注できるようになるために必要なことは？

大きく2つあります。

ひとつは、**ポートフォリオを作る**こと。具体的にいうと、ブログなどに「趣味の記事」を書いてためておくことです。

ただし注意点があって、それは、日記や感想ではなく、**「記事」という意識をもって書く**ことです。例えば歴史が好きなら、「こんな歴史上の人物が好きです」という話に終わらせず、「こういう人物のこういうエピソードを深掘りしてみた」といった、**より読み応えのある文章を書く**よう意識してみてください。

仕事に応募するときには、そのブログをポートフォリオとして相手に見てもらいます。そうすることで、自分がこの**ジャンルにどれだけ詳しいのか、どういうレベルの文章を書くことができるのかを端的に示す**ことができます。

もうひとつは、**数多くのメディアをチェック**しておくこと。趣味を活かした仕事をしたいなら、声がかかるのを待つより**自分から営業（問い合わせ）したほうが早い**です。

そのためにも、どんなメディアがあるか、そのメディアにはどんな特徴があるか、そのメディアで自分が書けそうか、そのメディアでライターを募集しているか…、などはチェックしておいたほうがいいと思います。

一時期、**エクセルファイルで興味のあるメディアのURL、特徴や問い合わせ先などを管理**していたことがあります。手の空いたときに、順次書けそうなところにライターを募集していないか問い合わせていました。

Q7　ライター 1年生にメッセージをお願いします！

趣味は複数あったほうがいいです。複数あると、それぞれのジャンルで記事が書けるだけでなく、**掛け合わせることで自分にしか書けない記事**も書けるようになります。

例えば、料理が好きで歴史も好きなら、料理記事、歴史記事だけでなく、**「スーパーで買える食材で、平安貴族の食事を再現してみた」**といった両方を掛け合わせた記事も書ける可能性がありますよね。書ける記事の範囲が広がるので、趣味を複数もっておくのはとてもいいことだと思います。

ここがポイント

- 趣味を活かしたいならポートフォリオを作ろう
- 記名記事を出そう
- 待っているだけではダメ、営業をかけよう
- 趣味がたくさんあると、ライターにとっての強みになる

03 【取材／インタビュー】生の声を聞けるのがインタビューの醍醐味！事前準備をしてチャレンジを

ライター 布施ひろみさんへのインタビュー

取材やインタビューができるスキルは、ライターにとって大きな強みです。取材ができると、セミナーやイベントなどに出向き「レポート」を執筆したり、視察などに同行して記事を書いたりと、仕事の幅が広がります。

インタビューは有識者、専門家に話を聞くだけではありません。社長インタビュー、新入社員インタビュー、お客様インタビューなど、取材対象はさまざまです。

専門家インタビュー

お客様インタビュー

ライター1年生の方にとっては、「取材やインタビューはちょっとハードルが高い」と感じるかもしれません。

実はちょっとした勇気をもつことで、取材・インタビューができるライターへの道が開けます。

ライターとしての初めての仕事が、取材・インタビューだったというライター歴10年の布施ひろみさん。どういう経緯でライターになり、仕事をつかんだのか、お話を聞いてみましょう。

先輩ライター　プロフィール

布施 ひろみ（フセ ヒロミ）さん

東京都在住

ライター歴：約10年

Q1　ライターになったきっかけを教えてください

趣味で食べ歩きのブログを続けているうちに、書くことに興味をもつようになりました。その思いが大きくなり、ライタースクールへ通うことにしたんです。

Q2　取材・インタビューの仕事をするようになったきっかけは何ですか？

ライタースクール時代の先生が「ビジネス紙のライター」を募集していることを知り、**思い切って手を挙げた**ことがきっかけでした。

ライターとしての初めての仕事が、企業の社長インタビューを含めた8ページの特集で、スケジュールに余裕のない日刊紙。プレッシャーに押しつぶされそうな初仕事でしたが、この仕事をやりきったことが大きな自信になりました。

発行がちょうど年末だったため、インタビューさせていただいた社長様にお礼を兼ねて年賀状をお送りしたところ、「よい記事をありがとうございました」という手書きのメッセージ入りのお返事をいただいたんです。今でも、初心を忘れないための宝物として大切にしています。

この媒体からは、その後も継続してたくさんのお仕事をいただきました。

Q3 取材・インタビューのメリット・デメリットは？

取材したい内容について、**当事者の生の声を聞けるのがインタビューの醍醐味**です。資料だけではわからない**現場の方の熱い思いに触れると、書く記事にも深みが出る**と思います。

一方で、**インタビューの場を仕切る難しさ**も学び続けています。
最初の頃は、お話し好きな方をコントロールできずにこちらの聞きたいことが聞けなかったり、逆に無口な方にお話しいただくことに苦労したり…。

さまざまなケースを経験したことで、**取材相手の事前調査はもちろん、ちょっとした雑談ネタの準備やタイムスケジュール管理の工夫**など、自分なりのノウハウが積み上がってきたと思います。

Q4 取材・インタビューの仕事を受注できるようになるために必要なことは？

機会があれば、**自分が知らないジャンルであっても勇気を出してチャレンジする**こと。これにつきますね。初めて挑戦するときは二の足を踏んでしまうかもしれませんが、私のように最初は苦しんでも、それが仕事につながることもありますから。

Q5　取材・インタビューのコツを教えてください

取材前の事前準備をしっかり行うことです。特に企業取材においては、業界や商品、サービスなど、わからないことだらけですが、今の時代、ある程度の情報はインターネット上でも調べることができます。**事前調査をしっかり行えば、取材やインタビューも怖がる必要はなくなります！**

私自身も、まったく知識のなかった自動車業界に関する仕事をこなしたことで、別の自動車の仕事を次々と受注し、「車の案件が入ったのでまたよろしく」と指名をいただくまでになったという体験をしました。こうしてひとつずつ書けるジャンルを増やしていくことで、新たな仕事にもつながりやすくなりますし、**知識の幅が広がることが別の記事にも活きる**ということを日々実感しています。

Q6　ライター 1年生にメッセージをお願いします！

取材やインタビューの仕事の現場には、取材先の方々の他にも媒体の編集担当や営業担当、広告代理店の担当、カメラマンなどが同席していることが少なくありません。取材の場を的確に仕切ってよい記事を書くことができれば、**関わった方々からの信頼につながり、同席されていた方を通じて意外なルートから別の仕事をご紹介いただく**こともあります。

ライティングに加えて取材・インタビューができるかどうかで、仕事の幅は大きく変わります。ぜひスキルを磨いて、どんどん新しい仕事にチャレンジしていただきたいと思います。

ここがポイント

- 取材・インタビューの醍醐味は、生の声を聞き、知識の幅が広がること
- 取材前の事前準備は必須
- 経験を積むことで、取材・インタビューのノウハウは蓄積される
- 信頼される仕事ができれば、次の仕事につながる

「インタビューの7つ道具」として、以下のものを用意しておきましょう。

- 名刺（最初は名刺交換から始まります）
- インタビューシート（質問一覧）
- ノート（小さなメモ帳よりも、B5以上のノートがオススメ）
- ボールペン（筆記用具）
- ICレコーダー
- スマートフォン（録音用アプリをインストールしておけば、ICレコーダーが壊れたときなどに便利。ちょっとした撮影にも）
- 時計（取材は、あらかじめお願いした時間内に終了させましょう）

取材中にパソコンでメモを取ることは、失礼になる場合もあります。取材の際は相手の目を見て、お話を伺うことに集中しましょう。

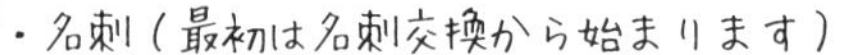

04 【専門分野をもつ】資格を活かして専門的なライティングに挑戦！ 情報アップデートも忘れずに

ライター 吉田裕美さんへのインタビュー

ライターにとって**「自分にしか書けない」という専門分野**をもつことは、大きな強みです。

医療ライター、金融ライター、コスメライター、スポーツライターなど、さまざまな分野で専門的なライターが活躍しています。

特定の分野での実績があること、または、資格をもっていることなどをアピールして、ライターとしての専門分野をもちましょう。専門分野をもつことによって、**「○○分野のことなら○○さん」と、指名される**ことも多くなります。

○○分野のライティングなら、
○○さん

もともと保有している資格を活かす方法もありますし、**ライターになってから資格取得**にチャレンジする方法もあります。

看護師、税理士、介護福祉士、中小企業診断士などの国家資格にチャレンジする、またはもう少しハードルの低い資格にチャレンジするのもよいでしょう。

資格を取得することを目的にするのではなく、**資格を取得することによって、ライティングの仕事をしやすくすることが目的**です。好きな分野、得意な分野でのチャレンジをオススメします。

FP（ファイナンシャルプランナー）の資格があることによって、金融系ライターとしての仕事が広がったという吉田裕美さんのお話を聞いてみましょう。

先輩ライター　プロフィール

吉田 裕美（ヨシダ ユミ）さん

神奈川県在住
ライター歴：約4年

Q1　ライターになったきっかけを教えてください

前職の退職を機に、**昔から好きだった“書くこと”を学びたい**と思い、ライター養成スクールへ通ったことがきっかけです。ちょうどスクール卒業のタイミングで出産し、**「子育てをしながらでも在宅で働ける仕事」**という点に魅力を感じたことも後押しとなりました。

Q2　FP（ファイナンシャルプランナー）の資格を取得するきっかけは？

前職で金融機関に勤めており、窓口でお客様の資産や保険のご相談などを受けていました。仕事に役立つと思って、ファイナンシャル・プランニング技能士（２級）の資格を取得しました。

さまざまなご相談に対応するために幅広い知識が必要だと感じたこと、**資格をもつことでお客様により安心していただけるのではないか、**と考えたことが取得のきっかけです。

FPで学ぶ分野は、**資産運用、税金、相続など多岐にわたります**。
学科と実技の試験があるのですが、実技試験はなかなか受からず、2年ほどかけてようやく合格できました。

Q3 FPの資格がライターの仕事につながった理由は？

ライターとして仕事をしたいと思い、ライティングの会社に登録しました。そのとき**所持資格としてFPと書いたところ、お仕事の話をいただきました**。

ライターとして働き始めた当初は、FPの資格がライターの仕事につながるとは、思ってもみませんでした。何度落ちてもめげずに、がんばって取得してよかったです！

資格をもっていたおかげで、「金融」という自分の専門分野ができ、自信がつくとともに仕事の幅も広がったことは大きなメリットだと思います。

Q4 資格（FP）を活かした仕事の内容を教えてください

2年以上担当させていただいているのは、**資産運用や金融用語についてなど、お金に関する基礎知識のコラム**です。
テーマ出しから執筆までトータルに任せていただき、やりがいを感じています。

Q5 資格を活かした業務の難しさは、どんなことですか？

FPとして取り扱う話題は専門用語が多く、わかりやすい文章へ変換することには毎回難しさを感じます。その話題を**はじめて知る方にも、きちんと理解していただけるような言葉選び**を心がけています。

金融に関する法律や制度などは、毎年改定があり内容が変わることもしばしばあります。仕事を始めたばかりの頃は、情報のアップデートが足りずに、古い内容を書いてしまうという失敗も…。

幸い、原稿を見ていただいた金融ライターの先輩が気付いてくださり、お客様へ提出する前に直せましたが、ヒヤリとしました。通常のライティングでも同様ですが、常に**正確かつ最新の情報や知識を仕入れておく大切さ**を学びました。

Q6 資格を活かした仕事を受注できるようになるために必要なことは？

まずは**「資格をもっている」ということを周囲に広めておくこと**。FPの場合、金融について書けるライターを探している方から、声がかかりやすいかもしれません！

日頃から、資産運用や金融情勢、法改正など、FPに関連する情報に敏感になっておくと、いざお仕事をいただいたときにアイデアが浮かびやすいと思います。一度お声がかかってもそのレベルに達していなければ次の仕事にはつながりません。資格を取るだけでなく**情報のアップデートに力を入れておくことは大切**です。

Q7　ライター 1年生にメッセージをお願いします！

ライターになったばかりの頃は、「どんなことが書けますか？」と聞かれても、「これです！」と言えるものがなく、“専門分野”がないことにコンプレックスを感じていました。

しかし**FPの資格とライティングがつながったことで、はじめて「金融」という自分の専門分野をもつ**ことができました。ライター経験は浅いですが、このことは確実に私の自信になっています。

みなさんも自信をもって仕事をしていくためにも、何かしら資格を取得されることをオススメします。また、すでに資格をおもちの方は、ぜひアピールして仕事につなげるようにしてください。

ここがポイント

- ライターとしての強みをつくるために、資格を取得することは有効
- 資格を持っている人は、それをアピールしておこう
- 資格を持っていることに安心せず、情報のアップデートを行おう

05 【継続案件】継続案件を受注し、細く長くライター人生を歩むコツ

ライター 松重明子さんへのインタビュー

フリーライターとして仕事を続けるには、**継続して安定した仕事を受注する**ことが大事です。たとえ大きな案件を受注できたとしても、「一回きり」では安定した収入を見込むことはできないからです。

例えば、年間契約の継続案件を2件担当しているAさん。

不定期に単発案件を受注し、こなしていくBさん。どちらが安定しているでしょう？

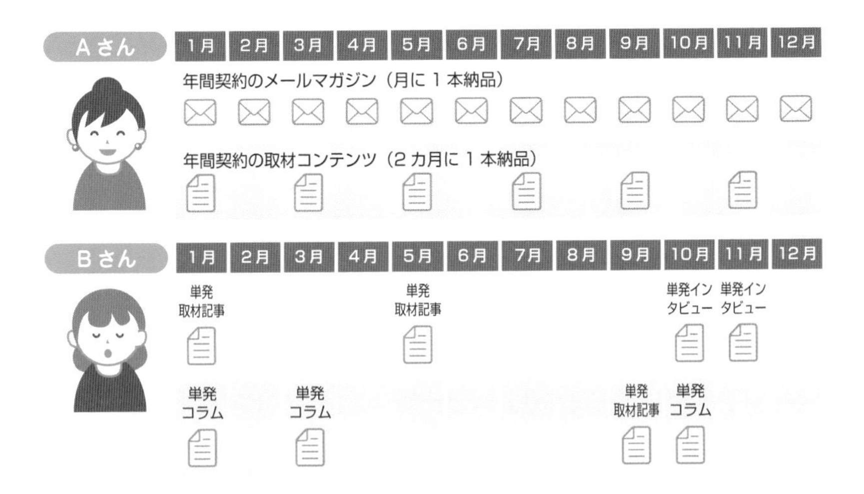

不定期に新しい仕事に取り組むBさんのほうが、もしかしたら刺激的で楽しい仕事を担当しているかもしれませんが、Aさんのほうが安定していると言えるでしょう。

Aさんは、**年間契約の仕事を続けながら、さらに単発案件を増やしていくことも可能です**。Bさんは、新しい仕事を受注するために、営業を続けなければいけませんし、新しい仕事は毎回労力がかかります。

継続案件をもっていることは、ライターにとって安定的な収入を得るだけではありません。**継続案件で信頼関係を築くことによって次の仕事の受注にもつながる**のです。

では継続案件には、どんなものがあるのでしょうか。また、その仕事を受注するには、どんな力をつける必要があるのでしょうか。

駆け出しライターだった頃は、5・3・1歳と3人のお子さんをもつママだった松重明子さん。12年たった今も、細く長くお仕事を続けているという松重さんのお話を聞いてみましょう。

先輩ライター　プロフィール

松重 明子(マツシゲ アキコ)さん

山口県在住
ライター歴:約12年

Q1 ライターになったきっかけを教えてください

有限会社ウィンアンドウィンネット（現：株式会社グリーゼ）のメールマガジンライター養成講座を見つけ、興味をもったことがきっかけです。初級講座から始まってすべての講座を受講し、ライターとして登録しました。

Q2 継続案件というと、どんなお仕事がありますか？

週に1本、月に1本など定期的に配信される**メールマガジンの制作や、地元フリーペーパーの制作**などです。戦略的にSNS（ソーシャル・ネットワーキング・サービス）を活用している企業やお店などの**SNS投稿**なども、継続しやすい仕事のひとつです。

特にメールマガジンは毎週1通以上など、発行頻度が高いものほど安定した収入につながると思います。

Q3 お休みをとりたいとき、体調を崩したときはどうしますか？

早めにお休みがわかっているときは、クライアントに相談し調整させてもらいます。チームで仕事をしていることも多いので、チーム内で常日頃からコミュニケーションをとり、お互いがフォローしあうという体制ができあがっています。

Q4 継続案件の仕事をするきっかけと内容を教えてください

大阪でライター向けの勉強会があり、参加したのがきっかけでした。当時は、子どもがまだ小さく、山口県から会場だった大阪まで出向くのはかなりの調整が必要でした。しかしライターとして本格的に活動するなら、**ライターとして顔を売ることや人脈を広げることも大事**だと考え、思いきって参加しました。

最初の継続案件は**メールマガジンの校正**です。1本のメールマガジンをディレクター・ライター・校正者の3名体制で行うという案件でした。作成よりはハードルが低く、最初のお仕事としては取りかかりやすかったのがよかったと思っています。

また、ディレクターやライターにあたる先輩たちにライターとしてのいろはを学びながら仕事できるという環境でした。

Q5 メールマガジンの制作で困ったことはありますか？

メールマガジンは、ターゲットに役立つ記事を定期的に届ける必要があるので、半年、1年と**長いスパンで戦略的に考える**必要があります。そうしたノウハウを、仕事をしながら覚えることができたので、とてもラッキーな環境でしたね。

当時はお仕事の内容よりも、ほぼメールでのやりとりしかしない環境にとまどいました。仕事上でのやりとりなので、どうしても事務的なメールになってしまい、ちょっとした言葉尻が気になったこともありました。顔の見えない中でのやりとりですし、一度もお会いしたことのないメンバーもいたので、できるだけやわらかい言葉遣いを心がけることが大切だということを学びました。

Q6 継続案件の仕事を受注できるようになるために必要なことは？

継続案件を受注するためには、まず**自分の顔を売っておく**こと。勉強会や交流会に参加することも大切だと思います。

それから、基本中の基本ですが、お仕事をいただけたら**締め切りを必ず守る**こと。チームで仕事をするときは、メンバーへの**報告・連絡・相談**（ホウレンソウ）も大切です。最初は、**質的にも量的にも自分が無理なく進められるお仕事を選ぶことも大切**かもしれません。ライターを始めた頃の子どもたちの年齢を考えると、「よく仕事ができたな…」と思う環境でした。自分が無理なくできる仕事量を見極めたことで、責任をもって進めることができたと思っています。

Q7 ライター1年生にメッセージをお願いします！

ライターを始めたばかりの頃は、「とにかく仕事をたくさんしたい！」「少しでも多く稼ぎたい！」という気持ちが大きかったです。ただ子どもたちが小さかったので、無理はできない現実もあり、もがいていた気がします。

そんな中でも、私が一番大切にしていたのは、**締め切りを守る**ことです。自分のキャパの中で余裕がもてる程度の仕事量にとどめ、その代わりお請けした仕事には全力で取り組むことをモットーとしたんです。あの頃無理をして、自分のキャパ以上の仕事を引き受けて中途半端な結果をひとつでも作っていたら、今もライターを続けることはできなかったかもしれません。

収入を月で換算すればそれほどではなくても、**「細く長く」続ければ、原稿料も徐々に上がって**いきます。**クライアントからの信頼度も上がり、そこから仕事が広がる**こともあります。また、一緒にお仕事をしたチームの方から、別の仕事のご相談をいただくこともあります。

焦らず自然体で、人と比べず、ありのままの自分でがんばれるお仕事に出会えるよう、お祈りしています。

ここがポイント

- メールマガジン制作やSNS投稿など、継続案件を受注しよう
- ライターとして顔を売ることも大事
- 人脈を広げる努力も必要
- 質的にも量的にも、自分が無理なく進められる仕事を選ぶことも、ときには必要

06 【SEから転身】SEの経験を活かして、需要の高いITライターへ転身

ライター こじままいさんへのインタビュー

AI（人工知能）、ビッグデータ、クラウド、ネットワーク、セキュリティなど、IT系の仕事は多岐にわたり、最新技術もめまぐるしく変化しています。

IT系の専門用語を理解し、ユーザーにわかりやすく説明できるITライターは、Webライターのなかでも需要が高いです。

IT企業のコーポレートサイト、サービスサイトはもちろん、導入事例、セミナーレポートを書くためには、**IT企業のサービス内容、ユーザーの課題や解決策**などを深く理解する必要があります。

ITライターは、単に**ITに詳しいだけでは不十分**です。難しく複雑な内容を、ユーザー目線で伝わりやすく表現することが求められるのです。

ここでは、SE（システム・エンジニア）として働いていた経験を活か

しながら、ITライターとして仕事を広げている先輩ライターこじままいさんのお話を聞いてみましょう。

※SE（システム・エンジニア）とは、情報システムに関わる技術者のことです。システムの設計書を作るなどの業務に携わります。

先輩ライター　プロフィール

こじま まい さん

神奈川県在住
ライター歴：約3年

Q1　ライターになったきっかけを教えてください

もともと文章を書くことが好きだったので、ライターの仕事に興味がありました。きっかけとなったのは、デジタルハリウッドで開催された「ITライター育成講座」に参加し、課題を提出して合格したこと。そこで、ライターとしての仕事をスタートさせることができたのです。

Q2　SEを活かした仕事の内容を教えてください

IT系企業のコラムやホワイトペーパーを担当することが多いです。展示会やセミナーのレポート制作という仕事もあります。

私は**SEとして主に、クライアントの社内システムの設計・開発**に関わっていました。「システムにこんな機能を追加したい」「システムのここが使いにくい」などの要望をヒアリングして、プログラムとしてどのように実現・改善するかを考え、プログラマーに渡すための設計書を作ります。できあがったプログラムのテストも行っていました。クライアントとプログラマー、それぞれと密接に連携する仕事でした。

必ずしも前職の知識がそのまま使えるわけではなく、新たに勉強したこともたくさんあります。ただ、**ネットワークやシステムなどの話題を理解できる土台ができていたことはプラス**になっています。一つ一つの専門用語の意味は調べないとわかりませんが、**全体としてどういうことを言いたいのかイメージをつかめるので、取り組みやすかった**と思います。

クライアント側にも、知識がゼロの人に依頼するよりも安心感をもっていただけるようです。

Q3 IT系のライティングの特徴や難しさは、どんなことですか？

IT系のライティングは、製品・サービスの機能や仕組み、使い方など、テーマが具体的で明確であることが多いです。**細かく調べたり、ヒアリングしたりしてきちんと理解すれば、書くべき内容をつかみやすいです**。製品・サービスの利用者を明確にして、利用者にとってどう打ち出すかを見極めて書くことがコツです。

テーマが明確なので、そこから外れることは書けません。この点は、IT系のライティングの難しさでもあります。

本来の使い方ではないのに**「こういう使い方もできるだろう」などと想像を膨らませすぎると、「それはできません」と指摘を受けて書き直す**ことになってしまいます。ヒアリングで聞き漏らしがないように準備しておく必要があります。

また、**1つの製品・サービスに関する記事を継続して何本も書くことが多いので、内容が似通ってしまい、目新しさを出すのに悩む**こともあります。

一方で、**クライアントの担当の方もエンジニア系の方が多いので、思考回路が近くて、話をしやすい**とは感じますね。

それから、個人的なことですが、自分がSEとしては関わらなかった業界のお話を聞けて、新しい知識が増えるのはおもしろいです。

Q4 前職（SE）を活かした仕事を受注できるようになるために必要なことは？

IT系はすぐに新しい技術が登場するので、詳しい専門知識を身につけるのは実際の仕事が始まってからでも問題ありません。普段は、**どういったテーマが世の中で話題になっているのか、大まかに把握しておく**くらいでよいと思います。

SE時代は「読みやすさ」を意識して文章を書くことは、ほとんどありませんでした。しかしライターは、人に読んでもらえる文章を書くことが必要です。私は、**ライターの仕事を始めたばかりの頃は、新聞を書き写して文章の勉強**をしていました。

SEとしての知識や経験を活かしてライターの仕事をしたいと思っていても、あまり**IT系ばかりにこだわらず、幅広いジャンルの記事を読んで、どういう書き方をすると読みやすいのか考えてみる**とよいのではないでしょうか。

Q5 ライター1年生にメッセージをお願いします！

前職で学んだことを活かすことは大切ですが、そちらに意識がいきすぎるとライターとしてすべきことがおろそかになる場合があるので、注意が必要です。

自分自身、SE時代の感覚がまだ残っているのか、機能や仕様の細かい点について掘り下げすぎてしまうことがあります。**自分が書いているのは「説明書」ではなく「文章」であることを意識しておかないと、読んでもおもしろくないものになってしまいます。**

　また、IT系の記事であっても、想定される読者がIT系に精通している人とは限りません。とっつきにくい印象を与えないように、言葉のつかい方を工夫しようと考えています。

　IT系のライティングとは、専門家と一般の人の橋渡しをすることだと考えてみるとよいのではないでしょうか。SE経験のあるライターだからこそできる仕事だと思います。

ここがポイント

- SEとしての仕事経験を活かして、ITライターとしてチャレンジ
- IT系のことだけではなく、幅広いジャンルの記事を読むことも大切
- 新聞記事を書き写すことも、ライティング力の強化につながる
- 専門家と一般の人を橋渡しする仕事だと心得よう

07 【BtoB】BtoBビジネスを理解して、企業から企業への情報発信をサポート

ライター 後藤千穂子さんへのインタビュー

ビジネスの形態には、BtoCとBtoBがあります。

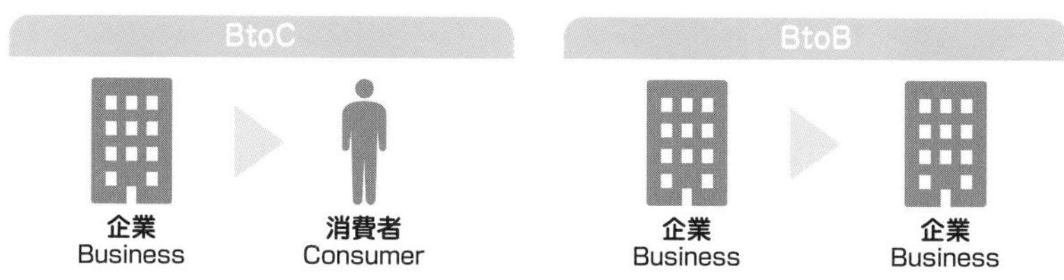

＊BはBusiness（ビジネス）、CはConsumer（一般消費者）の略です。

企業が消費者に向けて物やサービスを販売するビジネスが「BtoC」です。例えば、企業が私たち消費者に向けて、お菓子、洋服、パソコン、車などを販売する場合、BtoCという取引になります。

一方、企業が企業向けに物やサービスを販売するビジネスが「BtoB」になります。例えば、企業が企業に向けて「オフィス用品を売る」「経理担当者が使うソフトウェアを売る」「コンサルティングなどのサービスを提供する」などの場合は、BtoBという取引になります。

BtoCに比べると、BtoBのライティングは、商材理解が難しい場合も多く、業界知識も必要になります。難易度が高い分、「BtoBのライティングができる」ということは、ライターにとって大きな強みになります。

ここでは、BtoBのライティングを得意としている後藤千穂子さんのお話を聞いてみましょう。

先輩ライター　プロフィール

後藤 千穂子（ゴトウ チホコ）さん

神奈川県在住

ライター歴：約12年

Q1　ライターになったきっかけを教えてください

社会人一年生から一貫して、企業の宣伝、広報、マーケティング系の仕事に従事してきました。必然的に、企業内で「文章を書く業務」に多く携わりました。フリーになってからは、お声掛けいただいた仕事をするなかで、徐々にライター業務の比重が増し、今に至っています。自分の得意な「ライティング」が仕事になったということですね。

Q2　BtoBの仕事の内容を教えてください

企業のWebサイトに掲載するためのコンテンツがメインです。**サービス紹介、導入事例、コラム、社長メッセージ、セミナーレポート、調査レポート**など、企業のWebサイトに掲載されるコンテンツには、さまざまなものがあります。企業から企業に向けて配信されるメールマガジン、ニュースレターもBtoBの仕事の範囲です。

私の場合は、IT系の仕事を中心に、教育、自動車、電子部品、医療系サービスなどさまざまな業界のライティングを経験してきました。

例えば、サービス紹介ページの原稿を書く際は、**サービスを理解することから始まります**。

- そのサービスはどんな機能があり、どんな特徴があるのか？
- どんな企業の、どの部署の担当者が使うサービスなのか？
- 他社の類似サービスと比べて、どこが違うのか？　どんな優位性があるのか？

このようなことを資料を読み込んだり、社員の方にヒアリングしたりして理解を深めます。**ライティングの前段階にかなり時間をかけています。**今は、企業から企業への情報発信はWebが利用される場合が多いので、ライターの役割は重要で、やりがいがあると感じています。

Q3 BtoBの仕事の難しさは、どんなことですか？

その企業が発信したいことを、伝わってほしい人に向けて、伝わる言葉を使ってコンテンツとして仕上げています。**企業の立場で執筆するわけですから、その企業のことをよく知り、言語を理解することは最低限必要**になります。

「BtoBだから難しい」と感じたことはありません。ライターとして文章を書く以上、BtoBでもBtoCでも同様だと思っています。

会社の規模が大きくなると、意思決定者が複雑にからみあい、望む原稿の最終形が見えにくくなることがあります。こちらがスケジュール通りに作業をしても、企業側の都合でお返事が遅れたり、原稿チェックが先延ばしになったり…。そういったことも含めて、BtoBのライティングと関わっていく必要があります。

Q4 BtoBの仕事を受注できるようになるために必要なことは？

ネットニュースだけではなく、新聞をまんべんなく読み、**社会情勢、世の中の動きを大局でつかんでおく**ことが大事です。話題にあがる**企業名を知る、トレンドを知る**ことは心がけたいですね。

仕事上では、「メール返信を早くする」などのコミュニケーションにも気をつけています。企業とのコミュニケーションでは、**レスポンスの**

スピードと正確性（正直さ）が人間関係構築のカギだと考えているからです。

ボキャブラリーを増やすため、特に人間の心情などを表現する言葉を知るために、私は文芸書（小説など）を読むことも心がけています。

またライティング力向上のために写経もしています。ネットでも書籍でも新聞でも、優れた文章を見つけたら、そのまま書き写すのです。表現力、リズムみたいなものを身につけるのに、とても役立ちます。

Q5 ライター１年生にメッセージをお願いします！

誰でも最初は未熟者で不慣れです。でも、**素直さと謙虚さ、勤勉さがあれば、信頼関係は築けます**。残すは、数稽古です。

トライ＆エラーにつきあってくれる関係性のクライアントを1社でも獲得すれば、それを突破口にできるのです。その**１社のことを徹底的に知る、そしてその１社が必要とするライターになると決める。初動にかけるエネルギーが大事**で、そういう関係性の会社を1社、2社と増やしていけば、おのずと指名で仕事は入ってくるのではないでしょうか。

ここがポイント

- BtoBのライティングは、企業から企業への情報発信
- サービス紹介、導入事例、コラム、メールマガジンなどさまざまなコンテンツがある
- 企業の立場で書く、そのため企業のことをしっかり理解することが大事
- 社会の動き、トレンドを大局でつかんでおこう
- レスポンスのスピードと正確さ（正直さ）も大切

08 【SEO】SEOでコンテンツへの訪問者数をアップ

ライター 長濱佳子さんへのインタビュー

SEOとは「Search Engine Optimization(サーチ・エンジン・オプティマイゼーション)」の略で、「検索エンジン最適化」という意味です。Googleなどの検索エンジンの検索結果のページ(できるだけ上部)に自分のページ(コンテンツ)を表示させるテクニックのこと。

ユーザーが何かを検索したとき、検索エンジンの検索結果として自分のコンテンツ(ページ)を表示させ、見に来てほしいですよね。このお手伝いをするのが「SEOの仕事」。**SEOに強いライティングができると、ライターとしての価値が上がります。**

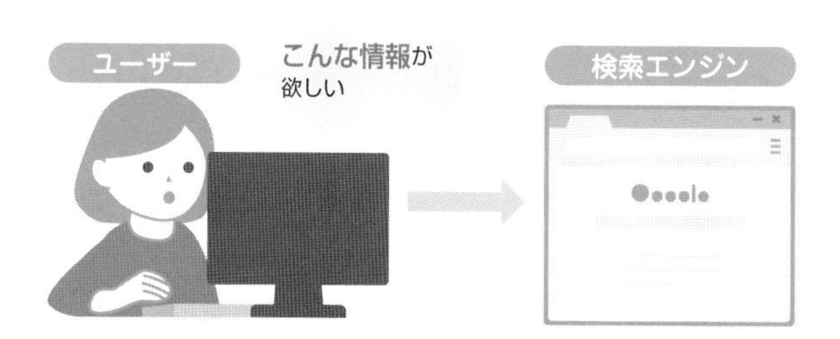

検索でヒットしやすい原稿を執筆するためには、キーワードを決めることが大事です。具体的には、以下のような工程が必要になります。

❶ ユーザーがどんなキーワードで検索するのかを調査する
❷ ユーザーはどんなことで困っていて、どんなことを知りたいと思っているのか想像する
❸ ユーザーの悩みを解決して、ユーザーにとって役に立つ原稿を書く

また、title（タイトル）やdescription（ディスクリプション）などのHTMLによるタグライティングについても理解する必要があります。

ここでは、SEOに関するライティング案件を数多く経験している長濱さんのお話を聞いてみましょう。

先輩ライター　プロフィール

長濱 佳子（ナガハマ ヨシコ）さん

愛知県在住
ライター歴：約16年

Q1　ライターになったきっかけを教えてください

在宅でできる仕事に興味があり、インターネットで受講できる「マーケティングライター育成講座」を受講しました。内容はライティングの基本について、毎日送られてくるメールで勉強するというもの。10名弱のライターの卵の方たちと一緒に学び、オンラインショップのメールマガジンを題材にした課題などにも取り組みました。

Q2　SEOに関する仕事の内容を教えてください

SEOに興味があり、また仕事の需要もあったので、セミナーや通信講座を利用してSEOの勉強に時間をかけました。

仕事としては、ちょっと専門的な用語になってしまうかもしれませんが、**キーワード選定、コンテンツ企画、コンテンツ制作（ライティング）、タグのライティングやリライト**などを行いました。Webサイトのコンテンツを SEO視点で分析したこともあります。

ライターとしては、キーワードを意識したブログなどのライティングの経験もありますが、どちらかというと戦略立案や分析のほうが好きな仕事です。

Q3 SEOの仕事の難しさは、どんなことですか?

SEOの難しさは、**すぐに結果が出ない**ことです。少なくとも、3カ月くらい続けないと結果が出ません。そのため、クライアント様に成果をお伝えするまでに時間がかかります。

また、SEO関連の仕事を始めた頃は、目的がずれてしまって、失敗したことがあります。SEOで最もわかりやすいのは、検索結果の順位です。そのため、順位を上げることが目的になってしまい、検索順位は上がったのに問い合わせや注文にはつながらなかったのです。**クライアントにとっては、順位が上がることよりも問い合わせや注文が増えることが大事だった**のに、そこを見誤りました。

それ以降は、**クライアントが望んでいる結果は何か？　何のためにSEOを行い、何のためにコンテンツを作るのか**を常に考えるようにしています。

Q4 SEOの仕事を受注できるようになるために必要なことは?

SEOの仕組みについて、勉強が必要です。SEOに関連する書籍はたくさんありますし、Webでも勉強できます。ただし、**SEOに関する情報はめまぐるしく変更されているので、最新情報をキャッチアップ**するように心がけてください。

SEOとWebライティングは、密接に関係しています。

SEOの仕組みを理解してライティングができることは、ライターにとって大きな武器になるはずです。私はむしろ、Webライティングを行ううえで**「SEOを知らない」は通用しない**と思っています。

キーワード、タグ、アルゴリズム…。最初は抵抗があるかもしれませんが、難しくないので勉強してみてください。

Q5 ライター1年生にメッセージをお願いします！

検索するのは、人です。この商品やサービスをほしい人は**「どんな気持ちで検索するのか」**を考えることが大切です。

そして、**コンテンツを読むのも人**です。**人にわかりにくい文章は検索エンジンも評価しません**。独りよがりにならないわかりやすい文章を書くように心がけるとよいでしょう。

インターネットで検索する人の気持ち、コンテンツを読む人の気持ちを想像してあげることが大事だと思います。

Webライターとしては、多少なりともSEOの知識は不可欠だと思います。クライアントから「SEO」という言葉が出たときに会話できるように、日頃から勉強しておくとよいでしょう。

ここがポイント

- SEOは、検索エンジン最適化の意味
- 検索した結果、自分のページ（コンテンツ）を検索結果の上位に表示させることが大事
- SEOとWebライティングは密接な関係
- SEOの勉強をする際は、最新情報をキャッチすること
- クライアントの目的を理解して、SEOやコンテンツ制作を行おう

Webライターにとって、SEOの知識は不可欠です。クライアントから「SEOを意識したコンテンツを作ってほしい」「キーワードを考慮してライティングしてほしい」などと依頼されることもあるでしょう。SEOに強いライターは、企業からの需要も高いです。
SEOについては、基礎からしっかり勉強するとよいでしょう。また、Googleの方針やアルゴリズムなどの情報は、常に最新をキャッチアップしておきましょう。

09 【ディレクション】企画・設計・コミュニケーション力で、ライターからディレクターへ

ライター 粕谷知美さんへのインタビュー

ライティングの仕事を行う場合、ライター1名で担当する仕事もあれば、コンテンツ制作チームを作って仕事を行う場合もあります。

このとき、複数のライターを束ねて、コンテンツ制作の進行管理、品質管理を行うのがディレクターです。

● クライアントから直接仕事を受注する場合

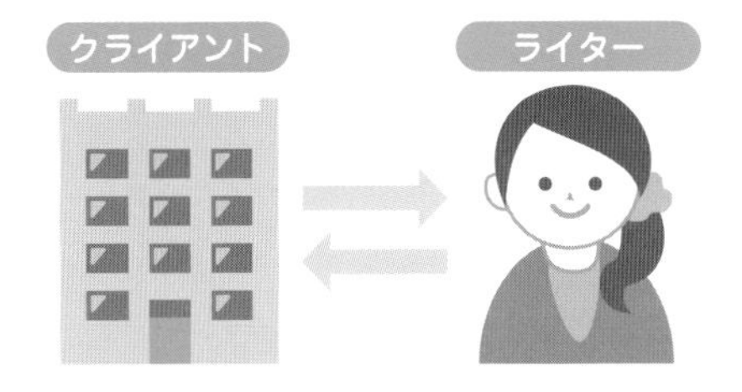

● クライアントから受注した仕事を、チームで担当する場合

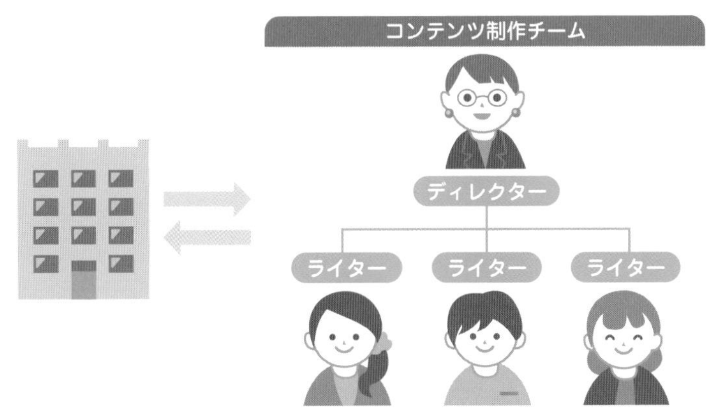

コンテンツ制作チームに複数のライターが参加することによって、複数のコンテンツを並行して制作できるようになります。また、ライター以外にも、デザイナー、イラストレーター、カメラマンなどが参加する場合もあります。

ライターの関わり方としては、次の2つのケースがあります。

- ライターとして参加する
- ディレクターの役割を担当し、複数のライターを統括する

約25年間ライターとして活動し、さらにディレクターとしても活躍されている粕谷知美さんのお話を聞いてみましょう。

先輩ライター　プロフィール

粕谷 知美（カスヤ トモミ）さん

東京都在住
ライター歴：約25年

Q1　ライターになったきっかけを教えてください

大学卒業後、企業の製薬部門の研究所で働いていましたが、研究以外の仕事にも興味をもち始め、4年で退社。製薬会社をメインクライアントとする広告代理店に転職しました。そこで私に与えられた仕事が、コピーライティングでした。

もともと文章を書くのが好きというわけでもなく、たまたま「ライター職」につくことになったというのが正直なところです（笑）。でも、25年も続いていますから、性に合っていたのだと思います。

Q2 ディレクターになった経緯を教えてください

妊娠・出産を機に退職し、フリーライターとして活動することにしました。広告代理店では紙媒体のお仕事をしていたのですが、これからは**Webやネット関連の仕事の需要も高まるだろう**と思い、偶然見つけたメールマガジンのライター育成講座を受けたんです。そこでチームで仕事を担うようになったのが、きっかけといえばきっかけです。

Q3 ライターとディレクター、それぞれに必要な能力は？

ライターはまず、**「ライティング力」「校正力」という基本を身につける**ことが必要です。ライティングの基本を勉強し、与えられた課題の解決につながるコンテンツを制作することですね。

ディレクターは、ライターとは違う視点が必要です。具体的には、ライティング力や校正力よりも、**「企画・設計・編集能力」と「コミュニケーション能力」が求められる**と思っています。

「企画・設計・編集能力」は、クライアントが顧客に対して**どんなメッセージを届けたいか**を見極め、それを実現するためには、**どんなコンテンツがあればよいのか**を考える力です。経験が必要かもしれませんが、**日々の仕事を通して培っていけるチカラ**だと思います。

ライターになりたてであっても、依頼された原稿を「ライティングして終わり」ではなく、**「なぜ、この原稿が必要なのか？」「この原稿の役割、目的は何か？」などを考える習慣**をつけるとよいと思います。

Q4 クライアントと、うまく連携するためには？

Webライティングの仕事ではオンラインで連絡を取ることも多く、「コミュニケーション能力」が必要だなと感じます。クライアントとしっかりコミュニケーションして、**クライアントが何を求めているのか**を的確に理解する。それをライターはじめ、**チームのみんなに理解されるように伝える**。このときに必要なのもコミュニケーション能力です。

ディレクターは、プロジェクトの全体像を把握する必要はありますが、ライティング力やデザイン力など、プロジェクトを動かすためのすべてのスキルを身につけている必要はありません。

ディレクターの役割は、**クライアントの求める方向性を示し、ライター、デザイナー、それぞれの道のプロたちに、最高のパフォーマンスを発揮してもらうように場を整えること**。

私はそのように考えています。

Q5 ディレクターの仕事が増えたことで変化はありましたか？

ディレクターの仕事ができるようになって、仕事の幅は広がりましたね。クライアントの話を直接聞ける立場なので、よりクライアントの想いを汲み取ることができるようになったと思います。そうすると、ライターとしてもよりよいコンテンツが作れるようになり、クライアントに喜んでもらえます。

ディレクターの仕事で培った、「企画・設計・編集能力」「コミュニケーション能力」は、ライティングにも活かされているのだと実感しています。

Q6 ライター 1年生にメッセージをお願いします！

ライターとして長く仕事をしていくためには、取材・インタビュー、専門性など、さまざまな力を身につけることが有効だと思います。その先に、**ひとつの選択肢として、ディレクターという仕事がある**ということも、知っておかれるとよいのではないでしょうか。

コミュニケーション能力が高い方、人とお話しするのが好きな方などは、チャレンジする価値があると思います。ディレクターができることで、ライターとしてのスキルも上がりますよ！

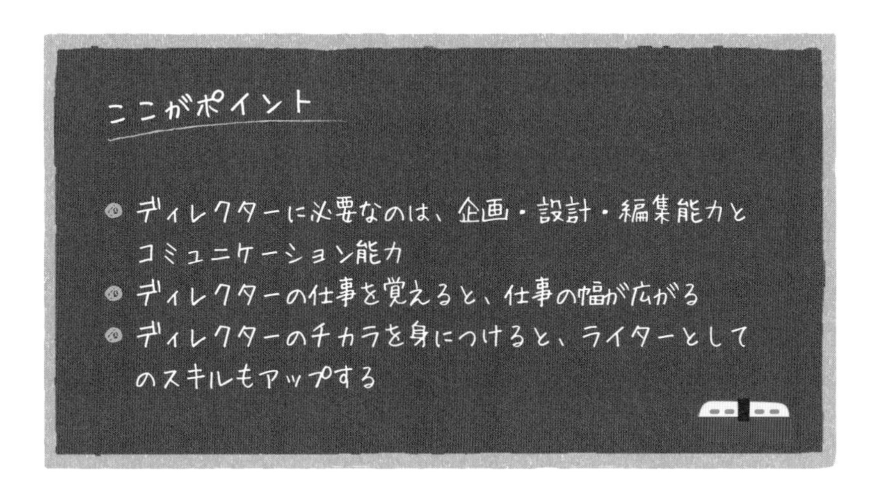

Q Webライターとして、どんな原稿を書いていけばよいのでしょうか？

A 「その原稿を、誰が読むのか」を考え、読者に役立つ原稿を書くべきです。

仕事として「こういう原稿を書いてください」と依頼されているのであれば、当然、発注者（クライアント）に満足してもらえる原稿である必要があります。

Webライターは、クライアントが発信したい情報を的確にとらえて、正確でわかりやすい文章を書かなければなりません。

また、それ以上に大事なことは、その原稿を読む読者（ユーザー、お客様）にとって役立つ原稿であるかどうかという視点です。

読者の気持ちになって「読者は、どんなことに困っているのだろう」「何を知りたいのだろう」ということを考えて、読者に役立つ原稿を書いていきましょう。

情報発信するクライアントと、情報を受け取る読者との間に立ち、最適な記事を書くのがWebライターの役割です。

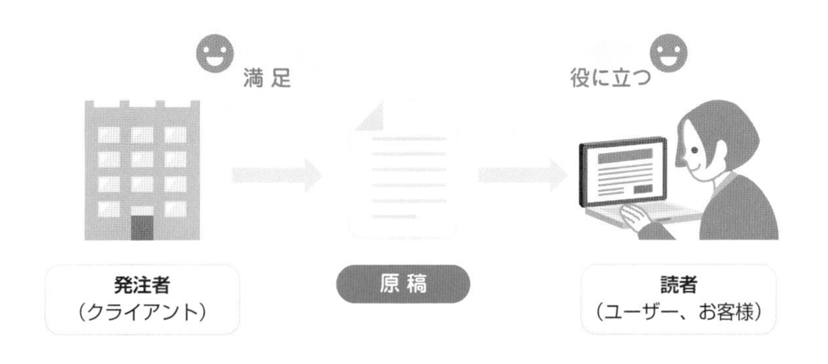

あとがき

私がライターになったきっかけは、自宅にインターネットを導入したことです。当時まだ子どもが小さかったので、今なら在宅で仕事をする方法もあるかも…？　と探してみたのです。

そして2006年に出会ったのが、株式会社グリーゼ主催の「マーケティングライター育成講座」。当時の私には結構な受講料でしたが、久しぶりの学びは楽しく、受講終了後にお仕事もいただけました。

当時は、月数万円でも稼げればいいや…と思っていたのですが、5年を過ぎた頃には夫の扶養から外れる程度にお仕事をいただけるようになっていました。

2018年には、共著で初めての出版を経験。そして今回、2冊目の本を出版させていただくことになりました。この場をお借りし、ソーテック社の久保田賢二さんに、心から感謝申し上げます。

私が10年以上にわたってライターとして仕事を続けてこられたのは、多くの仲間の存在があったからです。

この本をご覧になっているみなさんは、「ライターって孤独」と感じていらっしゃるかもしれませんが、そんなことはありません。人と人とのご縁がとても大事な世界だと思っています。

これから仕事をひとつひとつ丁寧に取り組むことで、多くの方とのよいご縁が生まれると思います。ぜひそのご縁を大切に、ライター人生を歩んでいただければと思います。

坂田 美知子

はじめて「ライター」という肩書きで自分の名刺を作ったとき、落ち着かない気持ちになったことを覚えています。

この本を手にとった方のなかにも、「ライターとしてやっていけるのだろうか」と不安に思う人がいるかもしれません。

書くことへの不安は、基礎知識を身につけて、多くの実践を重ねることで消えていくはずです。「ライターとして成長していきたい」「Webライティングの力をつけたい」と願う方に、この本が寄り添えたら、とてもうれしく思います。

ライターと名乗ることもおぼつかなかった私が、今ここであとがきを書いているのは不思議なことです。

すばらしいクライアントのみなさま、あたたかいチームメンバーに恵まれ、導かれてここまで歩んできました。この場をお借りして、お礼を申し上げます。
読んでいるみなさまにも、すてきなご縁がありますよう、願うばかりです。

結びとして、「本を出す」という長年の夢を叶えてくださったソーテック社の久保田賢二さんに心からの感謝を捧げます。

加藤 由起子

株式会社グリーゼ

2000年12月設立。企業向けのWebマーケティング支援、およびSDGs／サステナビリティ支援を行う。コンサルティング、コンテンツ制作、社員研修での実績多数。

【本社】 〒103-0027 東京都中央区日本橋3-2-14
日本橋KNビル4F
電話：03-5201-3033

https://gliese.co.jp/

■ 著者紹介

福田 多美子（ふくだ たみこ）

株式会社グリーゼ　代表取締役社長
・セールスフォース・ドットコム認定Pardotコンサルタント
・SDGsビジネスコンサルタント（一般社団法人SDGs支援機構認定）
・SDGsカードゲーム・ファシリテーター（SDGs de 地方創生／ SDGs アウトサイドイン／ Get The Point）

【経歴】
株式会社富士通ターミナルシステムズ（現在はFJFS）を経て、フリーランスのテクニカルライターとして活動。2004年に現在の株式会社グリーゼに入社。2022年10月代表取締役社長に就任。デジタルハリウッド、宣伝会議、大手前大学（通信教育部）などで、「Webライティング講座」の講師を務める。書籍も多数執筆。
SDGsビジネスコンサル担当として、企業向けのコンサルティング、コンテンツ制作、社員研修などを担当。SDGsカードゲームのファシリテーターとしても活動中。

●Webライター1年生へのメッセージ
Webライターに限らず、第一線で活躍するためには「新しいことにチャレンジする勇気」が必要だと思います。文章が書けることは大前提。プラスアルファで「このライターさんに頼みたい」と思われるような武器を身につけてください。

坂田 美知子（さかた みちこ）

ディレクター／ライター

【経歴】

京都府出身、京都府在住。阪急百貨店に勤務。退職後、ディレクター/ライターとして、企業のWebコンテンツの企画/設計/制作を多数担当している。
「人の心を動かすコンテンツ」をモットーに、ユーザー目線のコンテンツ制作を得意とする。

●Webライター1年生へのメッセージ

最初は小さな仕事をコツコツとこなしながら、実績と自信を身につけることが大事だと思います。焦らず、じっくり、丁寧に仕事を続けていくことで、きっと道は開けます。ぜひ、これからのライター人生を楽しんでいただければと思います。

加藤 由起子（かとう ゆきこ）

ディレクター／ライター

【経歴】

栃木県出身、岐阜県在住。Web制作会社2社を経て、ディレクター／ライターとして、企業向けコンテンツマーケティング・コンテンツ制作に携わる。特にBtoB案件を得意とし、「成果につながるコンテンツづくり」をモットーとする。

●Webライター1年生へのメッセージ

ライターには、文章力だけでなく、論理的な考え方やコミュニケーション力など、さまざまな能力が求められます。いつでも広い視野を持ち、学ぶ姿勢を忘れずに、ともに成長していきましょう。

世界一やさしいWebライティングの教科書 1年生

2020年 9月30日 初版 第1刷発行
2023年 5月31日 初版 第4刷発行

著 者 株式会社グリーゼ（福田多美子・坂田美知子・加藤由起子）
装 丁 植竹 裕（UeDESIGN）
発行人 柳澤淳一
編集人 久保田賢二
発行所 株式会社ソーテック社
〒102-0072 東京都千代田区飯田橋4-9-5 スギタビル4F
電話：注文専用 03-3262-5320
FAX： 03-3262-5326

印刷所 大日本印刷株式会社

ISBN978-4-8007-1273-8